CHIMIE ÉLÉMENTAIRE

(MÉTALLOÏDES)

A L'USAGE DES ÉLÈVES

DE LA

CLASSE DE QUATRIÈME B

PAR

J. BASIN

PROFESSEUR AGRÉGÉ AU LYCÉE DE LILLE

DIXIÈME ÉDITION

PARIS

LIBRAIRIE VUIBERT

63, BOULEVARD SAINT-GERMAIN, 63

CHIMIE ÉLÉMENTAIRE

(MÉTALLOÏDES)

DU MÊME AUTEUR

Ouvrages conformes aux programmes du 31 mai 1902
(Vol. 19/13^{cm}, brochés et cart. toile) :

Physique et Chimie élémentaires (1er Cycle, Division B) :

Physique élémentaire (classe de 4e B), vol. br. . . . . . . 1 fr. 50
Chimie élémentaire (classe de 4e B), vol. br. . . . . . . 1 fr. 25
  Les deux parties, réunies en un vol. cart. toile. . . . 2 fr. 50
Physique élémentaire (classe de 3e B), vol. br. . . . . . . 1 fr. 50
Chimie élémentaire (classe de 3e B), vol. br. . . . . . . 1 fr. 25
  Les deux parties, réunies en un vol. cart. toile. . . . . 2 fr. 50
Physique élémentaire (1er Cycle, 4e et 3e B réunies), vol. cart. 3 fr. »
Chimie élémentaire (1er Cycle, 4e et 3e B réunies), vol. cart. 2 fr. 25

Physique et Chimie (2e Cycle, Sections scientifiques) :

Physique (classes de Seconde C et D), br. 2 fr. 50 ; cart. . 3 fr. »
  — (classes de Première C et D), br. 3 fr. 50 ; cart. . 4 fr. »
  — (classes de Mathématiques), br. 3 fr. ; cart. . . . 3 fr. 50
Chimie (classes de Seconde C et D), br. 1 fr. 80 ; cart. . 2 fr. 25
  — (classes de Première C et D), br. 1 fr. 90 ; cart. . 2 fr. 40
  — (classes de Mathématiques), br. 2 fr. 50 ; cart. . . 3 fr. »

Éléments de Physique et de Chimie (2e Cycle, Sect. littéraires):

Éléments de Physique (cl. de 2e A et B), br. 1 fr. 60 ; cart. 2 fr. »
  —   —   (cl. de 1re A et B), br. 1 fr. 50 ; cart. 1 fr. 90
  —   —   (cl. de Philosophie), br. 3 fr. ; cart. . 3 fr. 50
Éléments de Chimie (cl. de Philosophie), br. 3 fr. ; cart. . . 3 fr. 50

Les ouvrages suivants de M. Basin, qui répondaient aux programmes du 15 juin 1891 pour l'enseignement moderne (mais avec des compléments), continueront à être réimprimés, à cause du large emploi qui en est fait en dehors de l'enseignement secondaire :

Leçons de Chimie. — Un fort vol. 19/13^{cm}, br. 8 fr. ; cart. toile. 8 fr. 50
    On vend séparément :
Métalloïdes (13e édit.) : cl. de 3^e mod. — Br. 2 fr. 50 ; cart. . . 3 fr.
Métaux (12e édit.) : cl. de 2^e mod. — Br. 2 fr. ; cart. . . . 2 fr. 50
Chimie générale, Chimie organique, Analyse chimique (9e édition) :
  classe de Première-Sciences. — Br. 3 fr. 50 ; cart. . . . . . 4 fr.

Leçons de Physique. — 3 vol. 19/13^{cm}, ensemble, br. . . . 10 fr.
cart. toile. . . . . 10 fr. 50
    On vend séparément :
Pesanteur, Hydrostatique, Chaleur (10e édit.) : cl. de 3^e mod. —
  Br. 2 fr. 50 ; cart. . . . . 3 fr.
Acoustique, Optique, Électricité et Magnétisme (10e édition): classe de
  Seconde moderne. — Br. 3 fr. ; cart. toile. . . . . . . 3 fr. 50
Compléments (3e édit.): cl. de Première-Sciences. — Br. 5 fr. ;
  cart. . . . . 5 fr. 50
La partie *Électricité* seule, extraite du précédent volume, br. . 3 fr.

CHIMIE ÉLÉMENTAIRE

(MÉTALLOÏDES)

A L'USAGE DES ÉLÈVES

DE LA

CLASSE DE QUATRIÈME B

PAR

J. BASIN

PROFESSEUR AGRÉGÉ AU LYCÉE DE LILLE

DIXIÈME ÉDITION

PARIS

LIBRAIRIE VUIBERT

63, BOULEVARD SAINT-GERMAIN, 63

PROGRAMME OFFICIEL

Divers états de la matière, exemples familiers : un même corps
peut prendre ces divers états.

Air. — Expérience de Lavoisier.

Oxygène. — Azote.

Eau pure : analyse, synthèse. — Eaux potables.

Hydrogène.

Acide chlorhydrique : chlorures. — Chlore, chlorures décolorants.

Électrolyse du chlorure de sodium : sodium, soude caustique.

Sel ammoniac. — Ammoniaque.

Corps simples : métalloïdes, métaux. Corps composés.

Loi des proportions définies, lois des volumes.

Symboles, notation atomique, formules.

Nomenclature ; acides, bases, sels.

Soufre, acide sulfurique, hydrogène sulfuré.

Salpêtre, acide azotique.

Phosphate de chaux, phosphore.

Carbone. — Combustibles naturels et artificiels.

Anhydride carbonique. — Oxyde de carbone.

Silice. — Acide borique.

Le programme ci-dessus se trouve développé dans les parties du livre
imprimées en caractères ordinaires.

Les compléments, que les élèves studieux liront avec intérêt, ont
été imprimés en caractères plus petits. Dans les *Résumés*, il n'est
pas fait état de ces matières complémentaires.

CHIMIE ÉLÉMENTAIRE
(MÉTALLOÏDES)

CHAPITRE I

NOTIONS PRÉLIMINAIRES

1. Divers états des corps. — Les corps se présentent à nous sous trois états différents : il y a des corps solides, des corps liquides et des corps gazeux.

1° Les corps *solides* ont une forme à eux et sont plus ou moins durs. Leurs différentes parties gardent les unes par rapport aux autres des positions fixes, et pour les séparer il faut exercer des efforts relativement considérables. Ex. : une pierre. un morceau de fer.

2° Les corps *liquides* n'ont pas de forme propre : leurs différentes parties peuvent glisser les unes sur les autres avec la plus grande facilité et couler d'un vase dans un autre. Ces corps prennent la forme du vase qui les contient et se terminent à la partie supérieure par une surface libre. Ex. : l'eau, le mercure.

3° Les corps *gazeux* ou, plus simplement, les gaz, possèdent la même mobilité que les corps liquides, mais leur volume est limité uniquement par la grandeur du vase qui les contient. Tandis qu'un corps solide a un volume à peu près constant, et qu'un liquide peut n'occuper qu'une partie d'un vase, un gaz, au contraire, tend toujours à augmenter de volume ; et quelque petite quantité qu'on en introduise dans un vase fermé, le gaz augmentera de volume et finira par remplir le vase tout entier. Ex. : l'air, le gaz d'éclairage.

REMARQUE. — Entre les trois états ainsi définis on trouve tous les états intermédiaires. Ainsi les pâtes se déforment sous la moindre pression, les sirops ne prennent que très lentement la forme du vase qui les contient, etc.

2. Passage d'un état à un autre état. — Un même corps peut prendre successivement les états solide, liquide et gazeux.

On sait que l'eau, refroidie suffisamment, se change en glace. Quand on chauffe de l'eau, elle finit par bouillir et disparaît dans l'atmosphère à l'état de vapeur, c'est-à-dire à l'état gazeux.

Prenons du soufre, ce solide jaune dont on enduit l'extrémité des allumettes, et chauffons-le avec précaution dans un tube de verre ; à un moment donné nous verrons se former une couche liquide qui coulera et s'accumulera au fond du tube. Puis, sous l'influence de la chaleur, le soufre finira par se transformer en vapeurs. Inversement, les vapeurs de soufre, en se refroidissant, repassent d'abord à l'état de soufre liquide, puis de soufre ordinaire.

Tous les corps sont dans le même cas que l'eau et le soufre. Nous verrons plus tard qu'on peut amener les gaz à l'état liquide, les liquides à l'état solide. L'air lui-même a été liquéfié et solidifié.

3. Combinaisons et décompositions. — Lorsqu'on met le feu à un morceau de soufre, il brûle avec une flamme bleue en répandant une odeur suffocante et semble disparaître peu à peu. En réalité, le soufre s'est uni, s'est *combiné* à un gaz contenu dans l'air et appelé oxygène ; l'odeur suffocante appartient au produit de la combinaison de ces deux corps, et ce produit, appelé *gaz sulfureux*, est un corps nouveau, dans lequel on ne retrouve ni les propriétés du soufre, ni les propriétés du gaz oxygène.

Cette expérience montre que, dans une combinaison, les corps, en s'unissant entre eux, produisent un corps de nature différente et doué de propriétés nouvelles.

Inversement, jetons un morceau de craie dans un vase contenant de l'eau où l'on a mis quelques gouttes de vitriol (acide sulfurique) ; nous verrons s'en échapper de nombreuses bulles de gaz qui montent à la surface (*fig.* 1). Ce gaz, que l'on nomme du *gaz carbonique*, existait dans le morceau de craie ; il y était combiné avec un autre corps, la *chaux*. La craie a été *décomposée* sous l'action de l'acide.

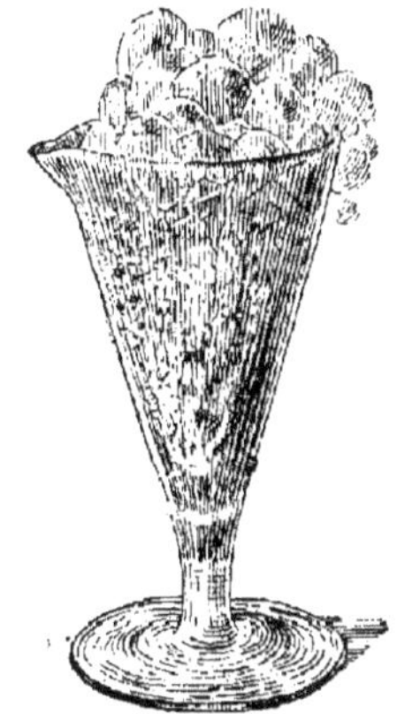

Fig. 1. — Décomposition de la craie par un acide.

On voit par cet exemple que, dans une *décomposition*, le corps qui se décompose est ramené à des produits plus simples.

4. Différences entre un mélange et une combinaison. — Mélangeons de la limaille de fer et de la fleur de soufre : nous obtiendrons une poudre grise, en apparence homogène. Ces deux corps ont cependant conservé leur nature et peuvent être séparés l'un de l'autre très facilement : en soufflant dessus légèrement, le soufre, beaucoup moins lourd que le fer, sera enlevé ; mieux encore, un aimant promené à la surface du mélange enlèvera tout le fer et laissera le soufre (*fig.* 2). Il y a donc eu là simple *mélange*.

Fig. 2. — Séparation du soufre et du fer mélangés.

Au contraire, projetons ce mélange de limaille et de soufre dans une cuiller en fer préalablement rougie au feu (*fig.* 3) : il devient incandescent. Après refroidissement, nous obtenons une sorte de pierre d'un noir brillant, cassante, sur laquelle le souffle et l'aimant n'exercent plus aucune action. C'est un corps nouveau appelé *sulfure de fer*, et il y a eu combinaison et non plus mélange.

Il y a une autre différence importante entre un mélange et une combinaison. Le mélange de soufre et de fer peut être fait dans des proportions quelconques, mais il n'en est pas de même pour la combinaison. Si l'on veut préparer du sulfure de fer, il faut prendre, pour 4ᵍ de fleur de soufre, 7ᵍ de limaille de fer, et l'on obtient, bien entendu, 11ᵍ de sulfure de fer. Si l'on emploie une quantité de soufre supérieure à 4ᵍ pour la même quantité de fer, l'excédent brûle en donnant du gaz sulfureux ; si, au contraire, le fer est en excès, cet excès reste inaltéré. Donc le soufre et le fer, pour former ce sulfure de fer, s'unissent suivant une proportion déterminée et invariable.

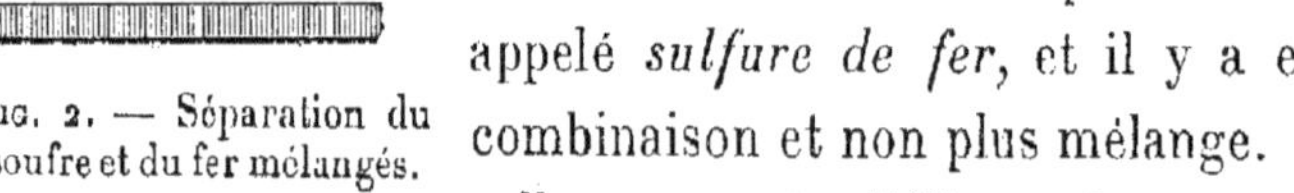

Fig. 3. — Combinaison du soufre et du fer.

Enfin toutes les combinaisons sont accompagnées d'un dégagement ou d'une absorption de chaleur. Les premières s'appellent des combinaisons exothermiques ; comme exemple on peut citer l'expérience qui vient d'être indiquée. Les autres sont des combinaisons endothermiques. Ex. : du soufre introduit dans un sel appelé chlorate de potassium préalablement fondu, brûle en produisant une vive lumière rouge.

5. **Corps simples.** — On appelle corps simples les corps que l'on ne peut décomposer, c'est-à-dire ramener à des produits plus simples, de quelque manière qu'on les traite : le soufre, le fer, l'oxygène, le mercure sont des corps simples.

Pour simplifier le langage et les écritures chimiques, on représente les corps simples par une abréviation ou *symbole*. Le symbole est formé, soit par la première lettre du nom du corps, soit par deux lettres s'il peut y avoir confusion entre plusieurs corps simples dont les noms commencent par la même lettre. Ainsi le symbole de l'oxygène est O, celui du soufre S, celui du fer Fe.

6. **Corps composés.** — Les corps composés sont ceux dans la constitution desquels entrent plusieurs corps simples : la craie, le sulfure de fer sont des corps composés.

Pour trouver la constitution d'un composé, on le décompose en ses éléments ; c'est ce qu'on appelle *analyser* le composé. Soit, par exemple, à analyser de l'*oxyde de mercure*, cette poussière rouge qui se forme à la surface du mercure quand on le chauffe pendant quelque temps à l'air. On le chauffe

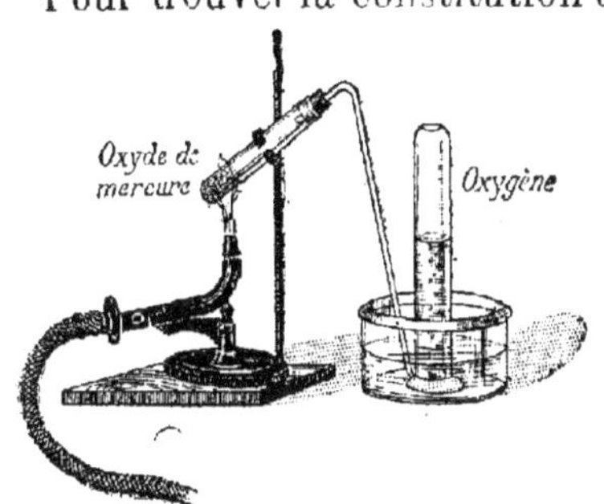

Fig. 4. — Décomposition de l'oxyde de mercure par la chaleur.

dans un tube en verre, communiquant par un tube recourbé avec une petite éprouvette pleine d'eau (*fig*. 4). L'oxyde se décompose en oxygène et en mercure : celui-ci forme sur les parois du tube un anneau brillant ; l'oxygène se dégage par le tube recourbé et se rassemble à la partie supérieure de l'éprouvette.

On contrôle généralement l'analyse par la *synthèse*, qui consiste à reconstituer le composé à l'aide de ses éléments ; ainsi, en brûlant du soufre dans l'oxygène, on fait la synthèse du gaz sulfureux.

RÉSUMÉ DU CHAPITRE I

Les corps se présentent à nous sous trois états. Les solides ont une forme à eux et sont plus ou moins durs. Les liquides prennent la forme du vase qui les contient. Les gaz tendent toujours à augmenter de volume. Un même corps peut prendre successivement les trois états (glace, eau, vapeur d'eau).

On dit que deux corps se *combinent* quand ils s'unissent en produisant un corps de nature différente et doué de propriétés nouvelles (combinaison du soufre et de l'oxygène). La *décomposition* consiste à ramener un corps à des produits plus simples (décomposition de la craie par un acide).

La combinaison se distingue du mélange en ce que, dans celui-ci, les corps gardent chacun leurs propriétés, peuvent être facilement séparés l'un de l'autre et s'unissent dans des proportions quelconques.

On appelle *corps simples* les corps que l'on n'a pu jusqu'ici décomposer. Les corps simples se notent par un symbole, ordinairement la première lettre du nom.

Les corps composés sont formés de plusieurs corps simples. Pour trouver leur constitution, on en fait l'analyse et la synthèse. L'analyse est la décomposition d'un corps en ses éléments (décomposition de l'oxyde de mercure par la chaleur en mercure et oxygène). La synthèse consiste à reconstituer un composé en partant de ses éléments.

CHAPITRE II

EAU

7. Composition de l'eau. — L'eau a été regardée pendant longtemps comme un corps simple ; c'est en réalité une combinaison de deux gaz, l'*oxygène* et l'*hydrogène*.

Analyse de l'eau. — Pour réaliser facilement l'analyse de l'eau, on se sert d'un appareil appelé *voltamètre* : c'est un vase en verre (*fig.* 5), dont le fond est traversé par deux fils métalliques pouvant être reliés respectivement aux deux pôles d'une source électrique. Le vase étant rempli d'eau additionnée de soude caustique pour la rendre conductrice, on recouvre

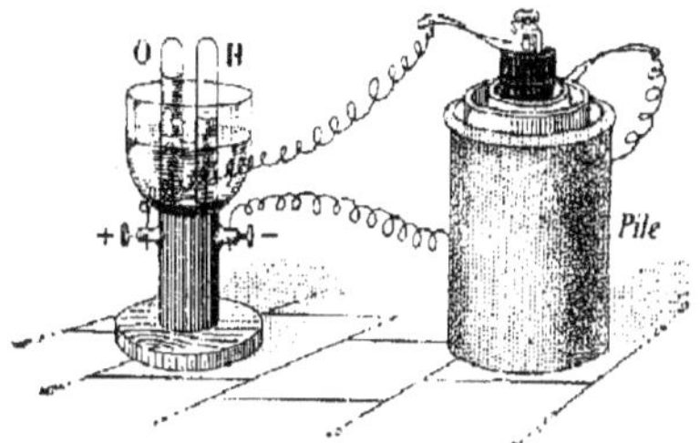

Fig. 5. — Analyse de l'eau par un courant électrique.

les fils métalliques de deux petites éprouvettes également pleines d'eau additionnée de soude.

Dès que l'on fait passer le courant, de nombreuses petites bulles gazeuses se forment autour des fils métalliques et viennent se rassembler à la partie supérieure des éprouvettes. Le gaz qui se dégage au *pôle positif* rallume une allumette présentant encore un point rouge : c'est l'*oxygène*, dont nous avons déjà parlé. Le gaz qui se dégage au *pôle négatif* est combustible et brûle avec une flamme pâle : c'est, comme l'oxygène, un corps simple ; on l'appelle *hydrogène*. Le volume occupé par ce dernier gaz est, pendant toute la décomposition, exactement le double de celui qu'occupe au même instant l'oxygène.

Synthèse de l'eau. — La synthèse de l'eau prouve que ce corps est composé uniquement d'oxygène et d'hydrogène.

On se sert, pour la réaliser, d'un *eudiomètre*. C'est un tube de verre résistant, gradué et traversé à sa partie supérieure par deux fils de platine (*fig.* 6) dont les extrémités sont très rapprochées l'une de l'autre ; on le renverse sur une cuve à mercure après l'avoir rempli de mercure ; puis on introduit successivement dans ce tube un volume quelconque d'oxy-

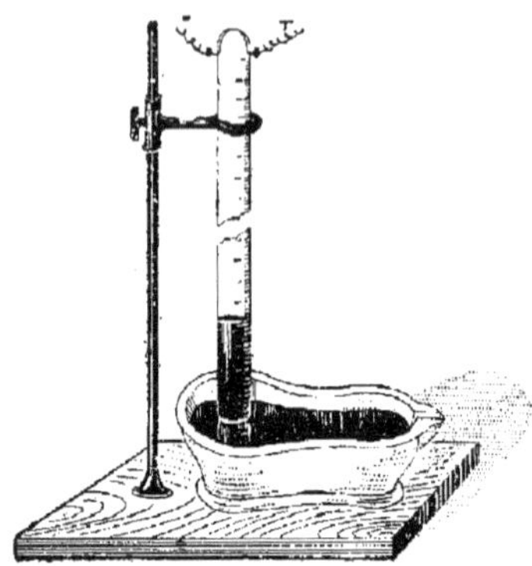

FIG. 6. — Synthèse de l'eau.

gène et un volume exacte-
ment double d'hydrogène,
et on fait jaillir une étincelle
électrique entre les deux
fils de platine. Il se produit
une détonation; le mercure
monte jusqu'au sommet et
sa surface se recouvre de
quelques gouttes d'eau.

Si, par une disposition spé-
ciale, le tube était maintenu à
une température supérieure
à 100° pendant l'expérience, la vapeur d'eau formée par la
combinaison de l'oxygène et de l'hydrogène ne passerait pas
à l'état d'eau. On pourrait alors constater que son volume est
rigoureusement égal à celui de l'hydrogène seul, ce qui permet
de conclure que : 2 *vol. d'hydrogène, en se combinant à 1 vol.
d'oxygène, forment 2 vol. de vapeur d'eau.*

L'analyse et la synthèse que nous venons d'exposer éta-
blissent la composition de l'eau en *volume*. Connaissant
cette composition, on en déduit le rapport des masses d'hydrogène et d'oxygène qui entrent dans une quantité d'eau
déterminée, sans avoir recours à l'expérience. En effet,
l'hydrogène à volume égal pesant 16 fois moins que l'oxygène, 2 volumes d'hydrogène pèsent 8 fois moins qu'un
volume d'oxygène. On en déduit que la proportion cher-
chée est 1/8. Par exemple, pour 2^g d'hydrogène, 16^g d'oxygène entrent en combinaison et il en résulte la formation
de 18^g d'eau. — Dumas a déterminé par l'expérience le
rapport que nous venons d'établir (16).

8. **Propriétés physiques.** — L'eau se présente sous les
trois états : solide, liquide et gazeux.

Eau liquide. — L'eau est liquide à la température ordinaire ; pure, elle est transparente, inodore et sans saveur. Elle est incolore sous une faible épaisseur, mais paraît bleue ou verdâtre quand on l'observe en grande masse.

La masse d'un centimètre cube d'eau à la température de 4° a été choisie pour unité de masse ; on l'a appelée *gramme-masse*.

Eau solide. — Refroidie suffisamment, l'eau se solidifie ; on dit qu'elle se *congèle*. Cette solidification est accompagnée d'une telle augmentation de volume qu'elle détermine la rupture des vases, même les plus résistants, s'ils sont pleins d'eau et fermés hermétiquement. L'eau solide ou *glace* est plus légère que l'eau ; elle fond à une température qui a été choisie pour le degré 0 du thermomètre centigrade.

Eau en vapeur. — L'eau émet des vapeurs à toutes les températures ; elle entre en ébullition à une température qu'on a adoptée pour le degré 100 du thermomètre centigrade. La vapeur d'eau occupe à 100° un volume environ 1 700 fois plus grand que le volume de l'eau liquide qui l'a formée.

9. Propriétés chimiques. — L'eau peut être décomposée par des corps simples comme le carbone, le potassium, le fer.

Le *carbone* fixe l'oxygène de l'eau, c'est-à-dire se combine avec lui. Si l'on éteint des charbons rouges sous une cloche remplie d'eau (*fig.* 7), il se rassemble au sommet de la cloche un mélange de trois gaz : l'hydrogène, le gaz carbonique et un autre composé de carbone et d'oxygène appelé oxyde de carbone.

Le *potassium* et le *sodium* sont des métaux mous que

l'on conserve dans de l'essence de pétrole. Ces métaux décomposent l'eau à la température ordinaire ; ils s'emparent aussi de son oxygène et mettent l'hydrogène en liberté.

Fig. 7. — Décomposition de l'eau par le carbone.

Jetons un fragment de potassium sur l'eau contenue dans un vase à bords élevés. Le métal, plus léger que l'eau, se maintient à sa surface en la décomposant (*fig.* 8) ; il tournoie rapidement, en même temps que l'hydrogène dégagé s'enflamme et brûle avec une flamme violacée. Il se forme un composé, la potasse, qui, à un moment donné, se dissout brusquement dans l'eau en projetant des fragments de tous côtés.

Fig. 8. — Décomposition de l'eau par le potassium.

On peut faire la même expérience avec le sodium qui se déplace aussi rapidement sur l'eau, mais la chaleur dégagée par la réaction n'est pas suffisante pour enflammer l'hydrogène.

Enfin le *fer* ne décompose l'eau que s'il est chauffé au rouge ; l'oxygène de l'eau se combine au fer pour former de l'oxyde de fer, et l'hydrogène mis en liberté se dégage.

10. Propriétés dissolvantes de l'eau. — L'eau dissout en quantité plus ou moins grande la plupart des gaz, comme l'oxygène, le gaz carbonique ; elle dissout également un grand nombre de corps solides : le sucre, le sel marin fondent dans l'eau. Il en résulte que l'eau rencontrée à la surface du sol n'est jamais pure : elle tient en dissolution les gaz qui forment l'air et, en outre, une proportion variable de corps solides empruntés aux terrains avec lesquels elle s'est trouvée en contact.

Les plus importants des gaz dissous dans l'eau sont le gaz carbonique, l'oxygène, et un troisième gaz, l'azote, qui est mélangé à l'oxygène dans l'air.

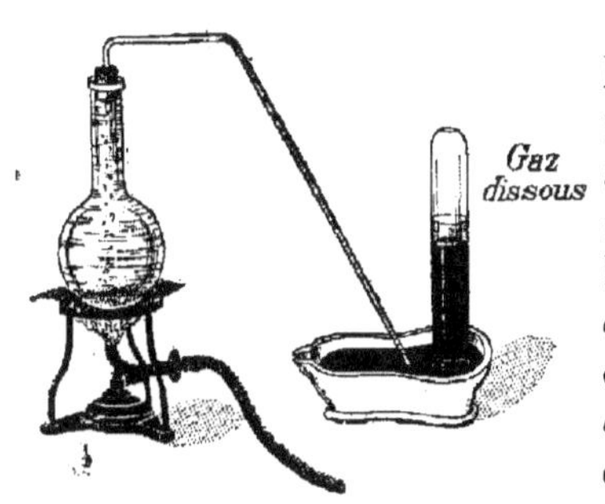

Fig. 9. — Extraction des gaz dissous dans l'eau.

Pour extraire ces gaz de l'eau, on remplit complètement de ce liquide un ballon ainsi que son tube à dégagement, et l'on fait aboutir celui-ci à une éprouvette pleine de mercure et reposant sur la cuve à mercure (*fig.* 9). En chauffant l'eau du ballon jusqu'à l'ébullition, les gaz qui s'y trouvent en dissolution se dégagent et se rassemblent au sommet de l'éprouvette.

Lorsqu'on évapore à sec (c'est-à-dire jusqu'à ce qu'il ne reste plus trace de liquide) de l'eau ordinaire, on obtient toujours un dépôt formé par les solides que cette eau tenait en dissolution ou en suspension. Ce dépôt est constitué principalement par du sel marin (chlorure de sodium), des sels de calcium et des matières organiques.

Une eau qui contient du chlorure de sodium donne avec l'azotate d'argent un dépôt ou précipité blanc de chlorure d'argent, soluble dans l'ammoniaque.

Une eau qui contient du sulfate de calcium donne un précipité blanc de sulfate de baryum avec une dissolution d'azotate de baryum.

Enfin, une eau chargée de matières organiques décolore la dissolution rouge de permanganate de potassium.

Distillation de l'eau. — On débarrasse l'eau des matières solides dissoutes en la distillant. L'eau soumise à la distillation est chauffée dans un alambic en cuivre (*fig.* 10),

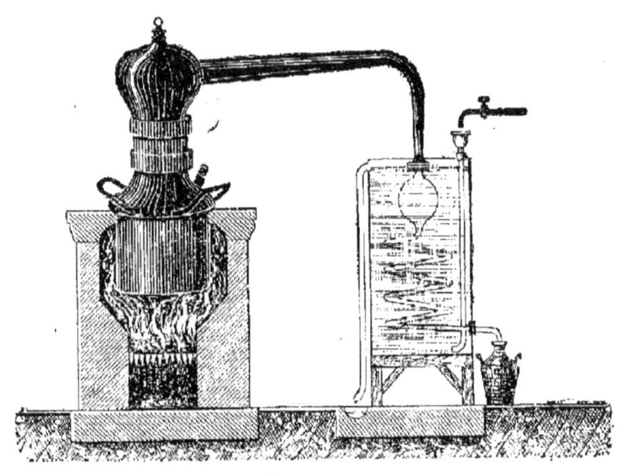

Fig. 10. — Distillation de l'eau.

communiquant avec un serpentin entouré d'eau froide constamment renouvelée. La vapeur d'eau provenant de l'alambic se condense dans ce serpentin et est recueillie dans un vase extérieur.

11. Eaux potables. — On appelle *eau potable* toute eau qui convient aux usages domestiques et peut servir de boisson. Pour être potable, une eau doit être fraîche, limpide, sans odeur, d'une saveur faible mais agréable ; elle doit renfermer de l'air en dissolution, cuire les légumes en les ramollissant et dissoudre le savon sans former de grumeaux. Il faut enfin qu'elle renferme des substances minérales en dissolution et contienne aussi peu que possible de matières organiques.

L'eau privée d'air, comme celle qui vient d'être distillée, est fade et d'une digestion difficile. La présence des substances minérales est très utile au point de vue de l'alimentation : le carbonate de calcium, par exemple, contribue à la nutrition du tissu osseux. La proportion de ces substances ne doit cependant pas dépasser 5 décigrammes par litre. Si cette proportion est dépassée, l'eau est dite *lourde* ou *crue*; elle devient impropre au savonnage et à la cuisson des légumes, principalement si elle contient une certaine quantité de sulfate de calcium (eau *séléniteuse*).

Quant aux matières organiques, en se putréfiant elles communiquent à l'eau une odeur désagréable et favorisent le développement de germes organisés qui sont souvent l'origine de maladies épidémiques. Ces matières s'accumulent principalement dans les eaux stagnantes (eaux de mares, d'étangs).

On purifie les eaux non potables par ébullition ou par filtration. Une *ébullition* prolongée pendant 20 minutes détruit les germes organisés que l'eau peut contenir, mais chasse en même temps les gaz dissous; aussi doit-on agiter l'eau ensuite quelque temps à l'air afin de la rendre digestible. La *filtration* s'opère de plusieurs manières. Tantôt on fait traverser à l'eau une couche de charbon de bois comprise entre deux couches de sable (*fig.* 11) : l'eau est ainsi clarifiée, en même temps que le charbon lui a enlevé toute odeur désagréable. Tantôt encore on filtre l'eau à travers des tubes en porcelaine dégourdie (bougies Chamberland) dont les pores arrêtent les germes orga-

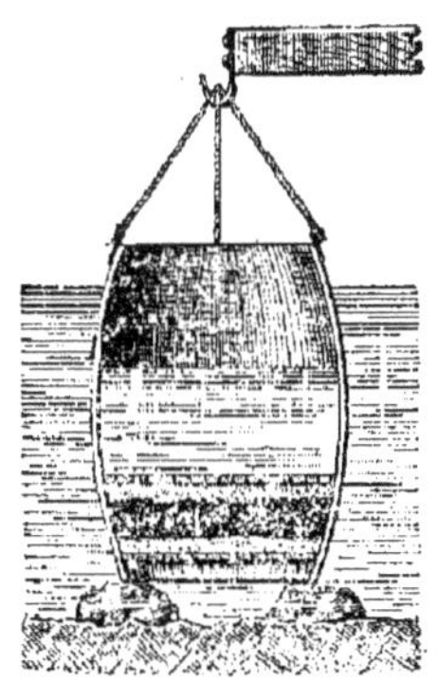

Fig. 11. — Filtration de l'eau à travers le charbon.

nisés ; chaque bougie est enfermée dans un manchon en cuivre nickelé qui s'adapte au robinet de distribution (*fig.* 12, **A**). On peut aussi plonger simplement dans un récipient plein d'eau une ou plusieurs bougies communiquant avec un tube formant siphon et amorcé par succion (*fig.* 12, **B**).

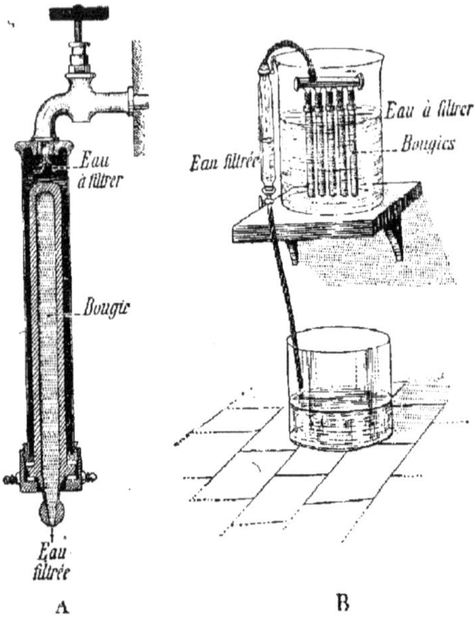

12. Eaux minérales. — Les eaux minérales sont des eaux naturelles qui ont dissous sur leur passage certaines substances et sont utilisées à cause de cela pour leurs pro-

FIG. 12. — Filtres Chamberland.
A, avec pression. — B, sans pression.

priétés curatives. Celles qui viennent d'une certaine profondeur sont en outre à une température plus ou moins élevée ; on les appelle *eaux thermales*.

Il y a des eaux minérales :

Gazeuses, riches en gaz carbonique (Seltz) ;

Alcalines, contenant des bicarbonates alcalins (Vichy) ;

Sulfureuses, contenant des sulfures alcalins (Enghien) ;

Ferrugineuses, contenant des composés du fer (Spa) ;

Salines ou purgatives, contenant des sels de magnésium (Sedlitz).

RÉSUMÉ DU CHAPITRE II

L'*eau* est une combinaison d'hydrogène et d'oxygène ; en volume, l'hydrogène se combine à la moitié de son volume d'oxygène et forme un volume de vapeur d'eau égal au sien. On vérifie la composition en volume en décomposant l'eau par un courant électrique (voltamètre) ou en enflammant un mélange de 2 volumes d'hydrogène et 1 volume d'oxygène (eudiomètre). Le rapport des masses d'hydrogène et d'oxygène qui entrent dans une quantité d'eau déterminée est 1/8.

L'eau est bleue ou verdâtre en grande masse. C'est la masse d'un centimètre cube d'eau qui a été prise pour unité de masse (gramme-masse). L'eau augmente de volume en se solidifiant. Son point d'ébullition et le point de fusion de la glace ont été choisis comme points fixes 100 et 0 du thermomètre. L'eau est décomposée par quelques corps simples : le carbone, le potassium et le fer s'emparent de son oxygène et mettent l'hydrogène en liberté.

L'eau ordinaire tient en dissolution des gaz (air, gaz carbonique) et des sels minéraux. Elle contient en outre une quantité variable de matières organiques et de germes organisés. Pour débarrasser l'eau des solides qui s'y trouvent en dissolution, on la distille.

Les eaux sont potables quand elles sont propres à la boisson et aux usages domestiques. Pour être potable, une eau doit être fraîche, sans odeur, avoir une faible saveur agréable, être suffisamment aérée, bien cuire les légumes et dissoudre le savon, enfin renfermer en dissolution des matières minérales dont la masse n'excède pas 5 décigammes par litre.

CHAPITRE III

HYDROGÈNE

Symbole : H.

13. **État naturel.** — L'hydrogène libre ne se rencontre guère dans la nature que dans les gaz qui se dégagent des volcans. A l'état de combinaison, il est au contraire très répandu : il forme la neuvième partie de l'eau (7) ; il entre dans la constitution de tous les êtres vivants et d'une foule de composés minéraux.

14. **Préparation.** — *On prépare l'hydrogène en faisant agir le zinc du commerce sur l'acide sulfurique étendu d'eau.* L'acide sulfurique contient de l'hydrogène ; le zinc prend la place de cet hydrogène : il se forme un composé appelé sulfate de zinc qui se dissout dans l'eau, et l'hydrogène se dégage.

On emploie un flacon à deux tubulures (*fig*. 13) ;
la tubulure centrale est munie d'un tube à entonnoir, la tubulure latérale porte un tube à dégagement plongeant dans un vase plein d'eau. Après avoir introduit dans le flacon du zinc et de l'eau jusqu'au tiers de sa hauteur, on verse peu à peu de l'acide sulfurique

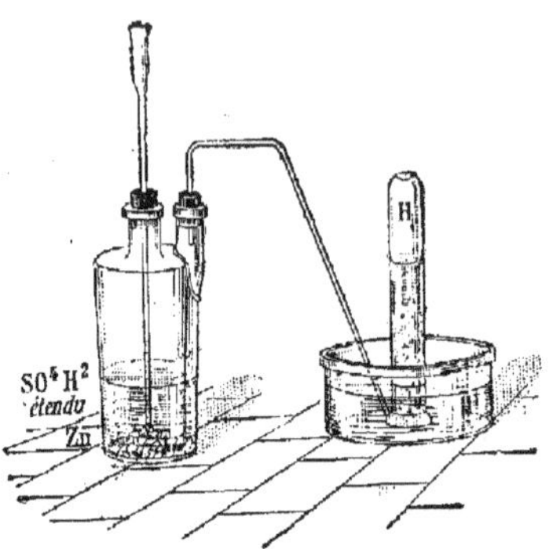

Fig. 13. — Appareil à hydrogène.

par le tube à entonnoir. Un vif bouillonnement se manifeste aussitôt et le flacon s'échauffe par suite de la formation du sulfate de zinc. Les premières bulles qui se dégagent sont constituées principalement par l'air que contenait le flacon ; on les laisse perdre. L'hydrogène est recueilli dans des éprouvettes préalablement remplies d'eau et renversées au-dessus de l'extrémité du tube abducteur.

Dans l'industrie, on prépare l'hydrogène en décomposant l'eau par un courant électrique (7) ; on le livre au commerce dans des cylindres en acier où il a été fortement comprimé.

15. Propriétés physiques. — L'hydrogène est un gaz incolore, inodore et sans saveur ; il est presque insoluble dans l'eau.

C'est le plus *léger* de tous les gaz : 1 litre d'hydrogène pèse 14 fois moins qu'un litre d'air (1^l d'hydrogène pèse $0^g,0898$, et 1^l d'air $1^g,293$). Cette légèreté de l'hydrogène peut être mise facilement en évidence : une éprouvette pleine de ce gaz le conserve parfaitement si on la maintient verticalement l'ouverture en bas, tandis qu'elle n'en renferme bientôt plus si elle est maintenue l'ouverture en haut. Si en effet on présente une flamme à l'ouverture de la première éprouvette, le gaz s'enflamme, tandis que la flamme n'a plus d'effet sur le gaz de la seconde éprouvette. Cette expérience fait comprendre comment on peut transvaser de l'hydrogène dans une éprouvette B ne contenant que de l'air, comme le montre la figure 14. On sait aussi que les petits ballons de baudruche, pour enfants, gonflés avec de l'hydrogène, s'élèvent rapidement.

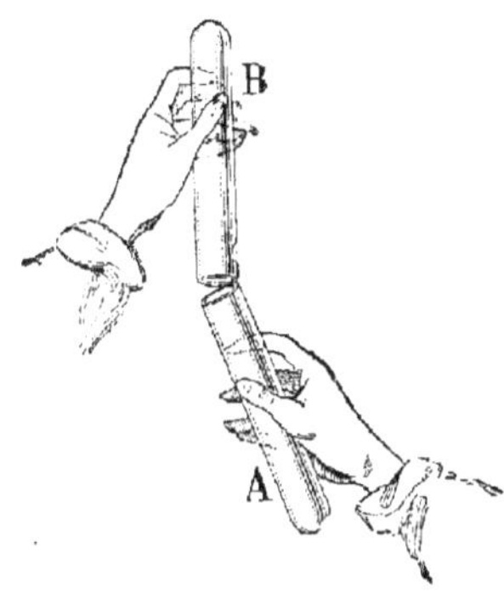

Fig. 14. — Transvasement de l'hydrogène.

A cause de sa grande légèreté, l'hydrogène est *très diffusible*, c'est-à-dire qu'il traverse facilement les cloisons poreuses, le papier, etc. Pour le démontrer, on ferme une éprouvette pleine d'hydrogène avec une feuille de papier, puis on la retourne (*fig.* 15); le gaz traverse le papier et on peut l'enflammer au-dessus de l'éprouvette.

Fig. 15. — Diffusion de l'hydrogène.

Action sur l'organisme. — L'hydrogène pur est un gaz inoffensif, mais il n'entretient pas la vie. Respiré seul, il produit l'asphyxie par privation d'oxygène.

16. **Propriétés chimiques.** — L'hydrogène est un gaz

combustible : il brûle avec une flamme pâle, très chaude, en se combinant à l'oxygène de l'air ; le produit de la combustion est de la vapeur d'eau.

Pour effectuer cette combustion d'une manière continue, on remplace le tube à dégagement de l'appareil producteur par un tube droit, effilé (*fig.* 16), et *l'on attend pour enflammer l'hydrogène que tout l'air ait été expulsé de l'appareil.* Si l'on entoure la flamme d'un gros tube de verre, elle s'allonge et

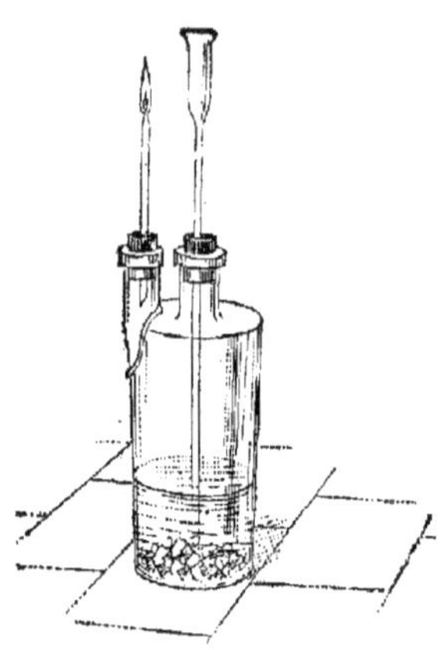

Fig. 16. — Combustion continue de l'hydrogène.

produit un son intense qui a fait donner à cette expérience le nom d'*harmonica chimique.*

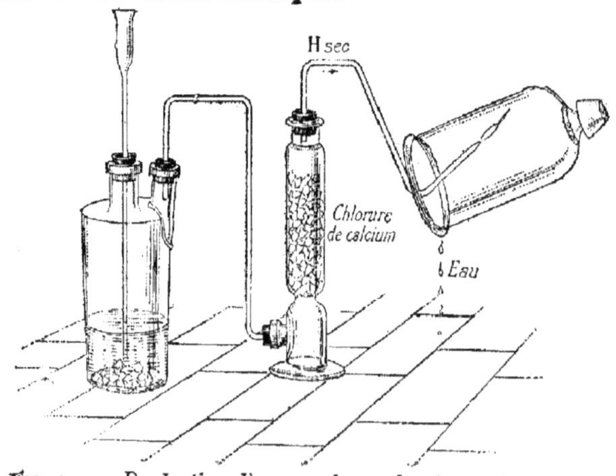

Fig. 17. — Production d'eau par la combustion de l'hydrogène.

On démontre que le produit de la combustion est de la vapeur d'eau en faisant passer l'hydrogène à travers des substances avides d'eau (*fig.* 17) et en le faisant brûler

sous une cloche de verre. La vapeur d'eau produite se condense sur les parois de la cloche en gouttelettes qui ruis-
sellent le long du verre.

L'hydrogène forme avec l'oxygène un mélange qui *détone*
au contact d'une flamme. Pour le démontrer on remplit au
2/3 d'hydrogène un flacon plein d'eau et on achève de le remplir avec de l'oxygène. Si l'on approche l'ouverture du flacon
d'une flamme, il se produit une violente détonation, résultant
de ce que la vapeur d'eau a d'abord brusquement refoulé l'air
à l'orifice du flacon, puis s'est condensée, ce qui a amené
subitement une rentrée de l'air.

Action réductrice de l'hydrogène. — L'hydrogène, ayant

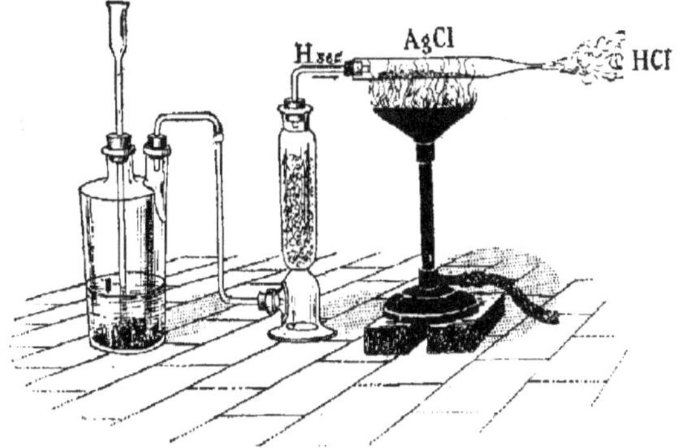

Fig. 18. — Réduction d'un oxyde par l'hydrogène.

une grande tendance à s'unir à l'oxygène, décompose la plupart des oxydes métalliques avec l'aide de la chaleur. On dit
que ces oxydes sont *réduits* et que l'hydrogène est un agent
réducteur. Si l'on chauffe légèrement de l'oxyde de cuivre
dans un tube adapté à un appareil producteur d'hydrogène
sec (*fig.* 18), il se dégage bientôt de la vapeur d'eau à l'extrémité du tube, en même temps que l'oxyde devient incandescent. Après refroidissement, le tube renferme une poudre
rouge, qui n'est autre chose que du cuivre métallique.

On peut faire une expérience analogue avec du chlorure

d'argent; il reste de l'argent et il se dégage de l'acide chlorhydrique (56).

17. Usages. — Dans les laboratoires, l'hydrogène est
souvent employé comme réducteur.

Comme il est beaucoup plus léger que l'air, il convient
parfaitement pour gonfler les aérostats, à condition d'employer des enveloppes imperméables.

Dirigée sur un bâton de chaux vive, la flamme de l'hydrogène devient éblouissante et convient bien pour éclairer
les lanternes de projection.

RÉSUMÉ DU CHAPITRE III

L'*hydrogène* forme la 9e partie de l'eau et entre dans la constitution d'un grand nombre de composés. On le prépare en décomposant
l'acide sulfurique étendu par le zinc dans un flacon à deux tubulures.

C'est un gaz incolore, très peu soluble dans l'eau. Il pèse 14 fois
moins que l'air à volume égal, ce qui lui permet de traverser facilement les enveloppes poreuses.

L'hydrogène brûle avec une flamme pâle, très chaude, en produisant de la vapeur d'eau. Il réduit un grand nombre d'oxydes métalliques, s'empare de leur oxygène pour former de l'eau et met le
métal en liberté.

On emploie quelquefois l'hydrogène pour gonfler les ballons; on
s'en sert aussi, avec un bâton de chaux vive, pour éclairer les lanternes de projection.

CHAPITRE IV

OXYGÈNE

Symbole : O.

18. État naturel. — L'oxygène est un des corps les plus

répandus dans la nature ; il forme environ le 1/5 en volume de l'air ; à l'état de combinaison, il entre dans la constitution de l'eau et d'un grand nombre de composés.

19. Préparation. — Il semble tout naturel d'extraire l'oxygène de l'air où il existe à l'état libre, ou de l'eau ; mais cette opération est assez compliquée et ne se fait que dans l'industrie. Dans les laboratoires on préfère employer des composés qui contiennent de l'oxygène et le cèdent facilement ; les composés les plus employés sont l'*oxylithe* et le *chlorate de potassium*.

Préparation par l'oxylithe. — L'oxylithe est un composé

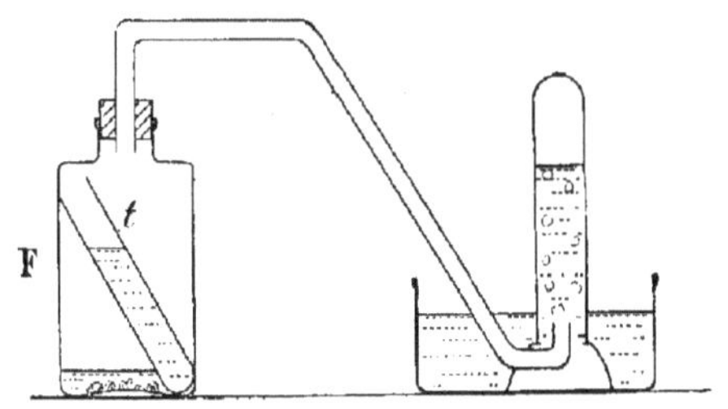

Fig. 19. — Préparation de l'oxygène par l'oxylithe.

oxygéné du sodium que l'on obtient en faisant absorber l'oxygène de l'air par du sodium fondu. Il suffit de projeter de l'oxylithe dans l'eau pour avoir de l'oxygène. On prend un flacon F bien sec (*fig.* 19) et on y introduit quelques fragments d'oxylithe. On remplit d'eau un tube large *t* et on le place dans le flacon, puis on relie le flacon à une éprouvette reposant sur l'eau. Après avoir incliné doucement le flacon F pour déverser une certaine quantité d'eau sur l'oxylithe, on voit que l'oxygène se dégage aussitôt avec effervescence. Le premier est rejeté. Quand la réaction est

terminée, on verse dans le flacon quelques gouttes de phtaléine ; le liquide rougit, montrant ainsi qu'il s'est formé de
la soude.

Décomposition du chlorate de potassium. — Le chlorate de
potassium est un sel qui se présente en paillettes blanches
brillantes ; chauffé modérément, il fond, puis se décompose
et dégage de l'oxygène ; il reste finalement un résidu de
chlorure de potassium. Ordinairement on ajoute au chlorate
un peu de bioxyde de manganèse, minéral noir naturel, qui
rend plus régulière la décomposition du chlorate.

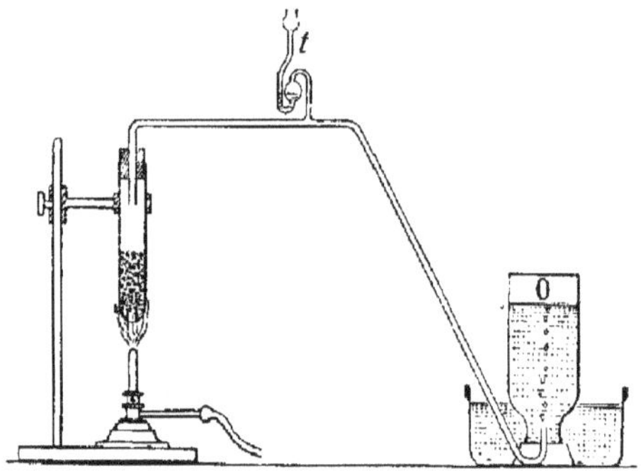

Fig. 20. — Préparation de l'oxygène par le chlorate de potassium.

Le mélange de chlorate et de bioxyde est introduit dans
un large tube (*fig.* 20) portant un tube à dégagement qui
se rend sur une cuve à eau. L'oxygène est recueilli dans des
flacons ou dans des éprouvettes.

Dans l'industrie, la plus grande partie de l'oxygène s'extrait
de l'air liquide (26). L'oxygène est livré au commerce dans des
cylindres en acier où il a été fortement comprimé.

20. Propriétés physiques. — L'oxygène est un gaz incolore, inodore et sans saveur, très peu soluble dans l'eau.
Un litre d'oxygène pèse 1^g,43.

Action sur l'organisme. — L'oxygène est l'agent essentiel de la respiration. L'air introduit dans les poumons cède son oxygène au sang qui a traversé toutes les parties du corps et reçoit en échange du gaz carbonique et de la vapeur d'eau.

21. Propriétés chimiques. — L'oxygène est surtout caractérisé par cette propriété que les corps combustibles y brûlent avec plus d'éclat que dans l'air ; si, dans une éprou-

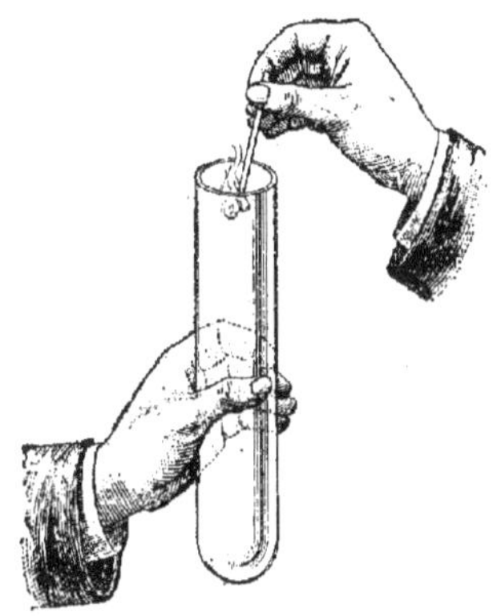

Fig. 21. — L'oxygène rallume une allumette presque éteinte.

Fig. 22. — Combustion du soufre dans l'oxygène.

vette pleine d'oxygène, on introduit une allumette présentant encore un point en ignition, elle se rallume en faisant entendre une petite détonation (*fig.* 21).

Mettons un morceau de *soufre* dans une petite coupelle en terre que supporte un fil de fer fixé à un large bouchon de liège, enflammons-le et descendons la coupelle dans un flacon plein d'oxygène (*fig.* 22) ; le soufre brûlera avec une flamme d'un beau bleu pur, en formant un gaz à odeur suffocante appelé anhydride sulfureux.

Remplaçons le soufre par un fragment de *phosphore* bien sec, allumons ce fragment avec une allumette et introduisons-le rapidement dans un flacon d'oxygène ; il brûlera en produisant une lumière éblouissante, accompagnée de fumées blanches épaisses d'anhydride phosphorique, combinaison d'oxygène et de phosphore.

Un bâton de fusain (*carbone*) rougi préalablement brûle de même avec éclat en se transformant en anhydride carbonique, gaz incolore ayant la propriété de troubler l'eau de chaux.

Pour montrer la combustion du *fer*, on introduit rapidement dans l'oxygène un fil de clavecin enroulé en spirale, à l'extrémité libre duquel se trouve un morceau d'amadou enflammé (*fig.* 23). Le fer brûle en lançant de tous côtés des étincelles brillantes et en se transformant en oxyde de fer. Cet oxyde fond et se détache en globules qui détermineraient la rupture du flacon si l'on n'avait eu soin d'y laisser une légère couche d'eau.

Fig. 23. — Combustion du fer dans l'oxygène.

Enfin un ruban de *magnésium* enflammé préalablement à une extrémité brûle dans l'oxygène avec une flamme éblouissante. Il se dépose sur les parois du flacon une poussière blanche qui est de la magnésie.

22. Usages. — L'oxygène est l'agent essentiel de la respiration et des combustions.

Il joue un grand rôle dans la fabrication de composés importants tels que l'acide sulfurique, le blanc de zinc. Dans les laboratoires, on l'utilise pour faire brûler activement l'hydrogène ou le gaz d'éclairage et produire ainsi des températures très élevées. En médecine on l'emploie, sous forme d'inhalations, contre l'anémie, les empoisonnements occasionnés par certains gaz, comme l'oxyde de carbone.

RÉSUMÉ DU CHAPITRE IV

L'*oxygène* fait partie de l'air, de l'eau et d'un grand nombre de composés. On le prépare en décomposant par la chaleur dans une cornue de verre un mélange de chlorate de potassium et de bioxyde de manganèse.

L'oxygène est incolore, très peu soluble dans l'eau. Les corps combustibles brûlent dans ce gaz avec plus d'éclat que dans l'air. Ex. : une allumette présentant encore un point rouge s'y rallume avec une petite détonation. On peut citer aussi les combustions du soufre, du phosphore, du charbon, du magnésium, du fer.

L'oxygène est l'agent essentiel de la respiration et des combustions ; il sert à produire des températures élevées ou une lumière vive.

CHAPITRE V

AIR. — AZOTE

AIR

23. Expérience de Lavoisier. — L'air a été longtemps considéré comme un corps simple. Ce fut Lavoisier qui, le premier, en 1775, en fixa la nature et la composition.

Il introduisit une quantité connue de mercure dans un matras dont le col recourbé s'engageait sous une cloche reposant sur le mercure et contenant un volume déterminé d'air (*fig.* 24), puis il maintint le mercure presque bouillant. Dès le second jour, de petites parcelles rouges se formèrent à la surface du mercure, en même temps que l'air de la cloche diminuait peu à peu de volume. Ces changements ayant cessé au bout de 12 jours, Lavoisier laissa refroidir l'appareil et constata que le volume de l'air restant dans le matras et dans la cloche n'était plus que les $\frac{5}{6}$ du volume total primitif; en outre, cet air n'entretenait plus ni la combustion ni la respiration; c'était presque uniquement de l'azote.

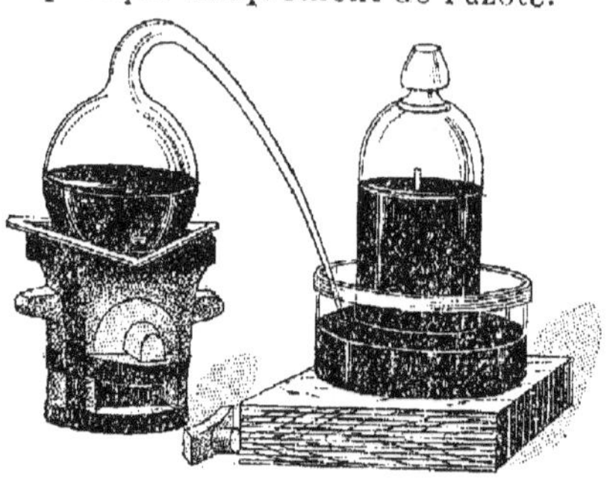

Fig. 24. — Analyse de l'air par Lavoisier.

Ayant rassemblé les parcelles rouges d'oxyde de mercure qui s'étaient formées dans cette expérience, Lavoisier les chauffa dans une petite cornue de verre munie d'un tube à dégagement, et recueillit de l'oxygène, dont le volume était sensiblement le $\frac{1}{6}$ du volume de l'air contenu primitivement dans l'appareil précédent.

Enfin, l'azote et l'oxygène ainsi isolés ayant été réunis, reproduisirent de l'air en tout semblable à l'air ordinaire.

Cette méthode ne peut donner qu'approximativement les proportions d'azote et d'oxygène, car l'oxygène n'est jamais complètement absorbé par le mercure.

24. Composition de l'air. — L'air est un mélange gazeux formé essentiellement d'azote et d'oxygène, auxquels s'ajoutent de la vapeur d'eau, du gaz carbonique et une très petite quantité d'autres gaz divers : gaz ammoniac, acide sulfhydrique, ozone (c'est-à-dire oxygène modifié), etc. Il tient en suspension une multitude de corpuscules solides, visibles quand un rayon de soleil les éclaire dans une chambre noire. Ces corpuscules sont constitués par des poussières minérales (sel marin, etc.), des débris de matières organiques et des germes organisés. Enfin, on y a découvert récemment la présence de nouveaux gaz, dont le plus mportant a reçu le nom d'*argon*.

Dosage de l'azote et de l'oxygène. — Le rapport entre les volumes de l'azote et de l'oxygène de l'air est sensiblement égal à 4/1. Ce rapport peut être déterminé approximativement par la méthode suivante :

On chauffe un fragment de phosphore dans une cloche courbe reposant sur l'eau et contenant un volume d'air connu (*fig.* 25). Le phosphore brûle en s'emparant de l'oxygène. Quand la combustion est terminée, on laisse refroidir et l'on constate que l'eau s'est élevée dans la cloche de façon à réduire de 1/5 environ le volume primitif de l'air.

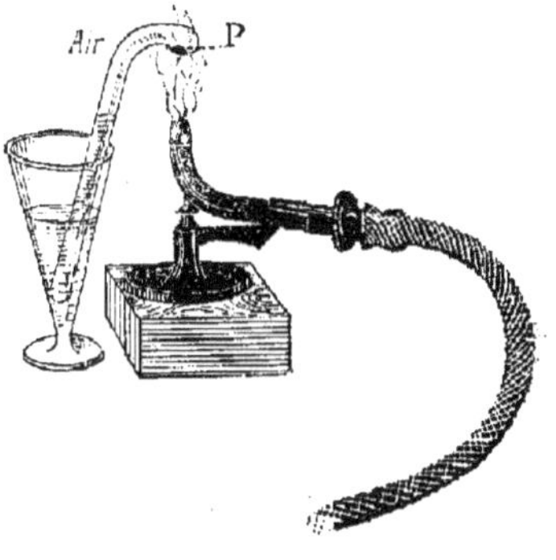

Fig. 25. — Dosage de l'azote par le phosphore à chaud.

On a actuellement des données très précises sur la composition de l'air. D'après les recherches récentes de M. Leduc, 100 parties d'air contiennent exactement : 75p,5 d'azote, 23p,2 d'oxygène, 1p,3 d'argon. La composition en volume est la suivante : 78vol,06 d'azote, 21vol d'oxygène, 0vol,94 d'argon.

Gaz carbonique. — Vapeur d'eau. — Argon. — L'air renferme environ les $\dfrac{3}{10000}$ de son volume de *gaz carbonique*.

Ou constate la présence de ce gaz en abandonnant à l'air un vase contenant de l'eau de chaux : la surface du liquide se recouvre peu à peu d'une pellicule blanche de carbonate de calcium.

La *vapeur d'eau* existe dans l'air en proportion très variable. C'est à elle qu'est due l'augmentation de masse des substances avides d'eau (acide sulfurique, chlorure de calcium) abandonnées à l'air; c'est elle qui se condense sous forme de buée sur les parois extérieures d'un vase contenant de l'eau très froide.

Enfin l'*argon*, ainsi appelé à cause de son peu de tendance à se combiner aux autres corps (argon vient d'un mot grec qui signifie inactif, paresseux), n'a pas, comme l'azote, la propriété d'être absorbé par le magnésium au rouge, ce qui permet de le séparer de ce dernier gaz. L'argon forme environ la centième partie de l'air en volume.

25. L'air est un mélange. — Bien que l'air ait une composition constante, aussi bien dans les hautes régions qu'au niveau du sol, c'est un mélange et non une combinaison. En effet :

1° Les volumes de deux gaz qui se combinent sont toujours dans un rapport simple, tandis que le rapport 21/78 n'est pas un rapport simple ;

2° L'air dissous dans l'eau est plus riche en oxygène que l'air ordinaire. Chaque gaz s'est donc dissous avec son coefficient de solubilité propre ; il n'en serait pas ainsi si l'air était une combinaison.

26. Propriétés de l'air. — L'air est incolore sous une faible épaisseur, et bleu quand il est vu en grande masse. Rappelons qu'un litre d'air à 0° et sous la pression de 76^{cm} de mercure pèse $1^{g},293$.

C'est par l'oxygène qu'il contient que l'air entretient les combustions et la respiration.

L'air est très difficile à liquéfier. Il faut pour y arriver em-

Fig. 26. — Ballon d'Arsonval.

ployer de fortes pressions et produire en même temps un froid intense. On conserve l'air liquide dans des ballons ouverts (*fig.* 26), formés de deux enveloppes entre lesquelles on a fait le vide. La couche superficielle du liquide se trouvant seule en contact avec l'atmosphère, l'évaporation est très lente, et on peut ainsi conserver de l'air liquide pendant plus de 15 jours.

L'air liquide a une teinte légèrement bleutée. Son point d'ébullition est — 192°. On peut y plonger la main impunément, car le liquide prend une forme globulaire et est séparé de la peau par une mince couche de vapeur; il faut toutefois retirer la main aussitôt, car cette couche disparaissant rapidement, le froid serait tel que la main serait brûlée comme par un métal en fusion. Au contact de l'air liquide, le mercure se congèle et devient dur comme du fer; la viande et les corps élastiques, comme le caoutchouc, deviennent durs et cassants comme du verre.

L'air liquide est très employé comme source de froid. On en retire par évaporation de l'oxygène, qui est utilisé ensuite pour préparer certains produits chimiques et qui est employé aussi en métallurgie. Mélangé au charbon, il constitue un explosif pouvant remplacer avantageusement la dynamite.

AZOTE

Symbole: Az.

27. État naturel. — L'azote forme, comme nous l'avons vu, environ les 4/5 de l'air en volume. Il entre dans la constitution d'un grand nombre de composés : gaz ammoniac, salpêtre, blanc d'œuf, etc. Le nom d'*azote* (de *a* privatif et d'un autre mot grec qui signifie *vie*) lui a été donné pour rappeler qu'il n'entretient pas la vie.

28. Préparation. — *L'azote s'extrait ordinairement de l'air,* auquel on enlève l'oxygène à l'aide de corps absorbant facilement ce gaz.

Sur un large bouchon de liège flottant sur l'eau, on dépose une petite coupelle contenant un fragment de phosphore bien sec ; on enflamme le phosphore et on recouvre le tout d'une grande

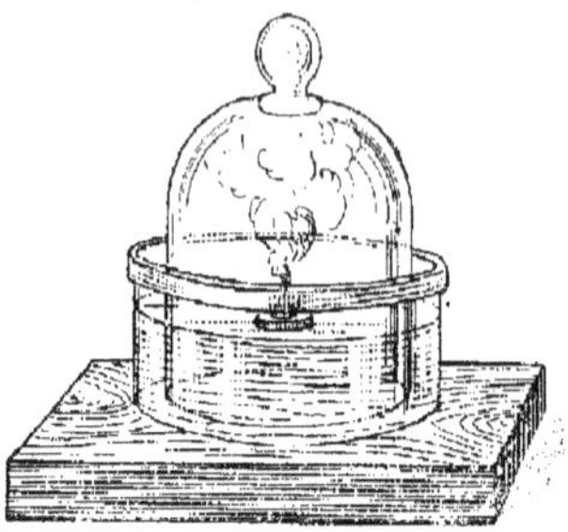

Fig. 27. — Préparation de l'azote par le phosphore.

cloche (*fig.* 27). Il se produit des fumées blanches épaisses d'anhydride phosphorique, corps très soluble dans l'eau. Quand la combustion est terminée, ces fumées se dissipent peu à peu, en même temps que l'eau monte dans la cloche pour remplacer l'oxygène disparu. On transvase alors le

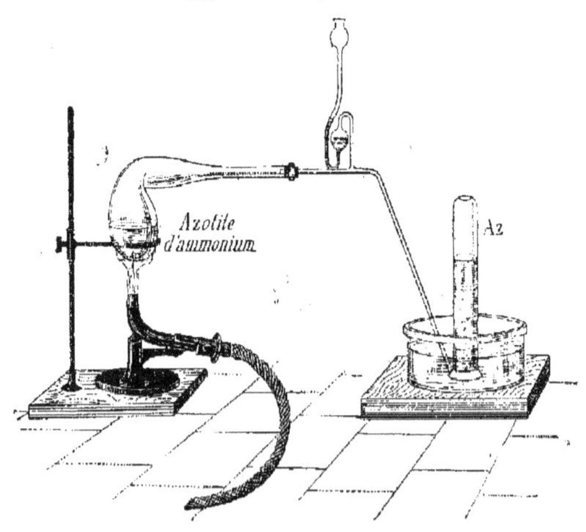

Fig. 28. — Préparation de l'azote par l'azotite d'ammonium.

gaz restant dans des éprouvettes ; c'est de l'azote mélangé à un peu d'oxygène non absorbé et de gaz carbonique.

On obtient de l'azote pur en décomposant par la chaleur une dissolution concentrée d'un composé appelé azotite d'ammonium ; on effectue cette décomposition dans une petite cornue munie d'un tube à dégagement.

29. Propriétés. — L'azote est un gaz incolore, inodore et insipide, très peu soluble dans l'eau. Il est un peu moins lourd que l'air.

Action sur l'organisme. — Ce gaz n'entretient pas la respiration. Il n'est pas délétère, et son rôle principal dans l'air est de tempérer l'action trop vive qu'exercerait l'oxygène pur.

L'azote n'est pas combustible. Il n'entretient pas la combustion, et une bougie allumée s'y éteint. Il ne se combine directement qu'à un très petit nombre de corps, comme le magnésium.

30. Usages. — L'azote n'est employé que dans des cas très rares, pour conserver des matières organiques à l'abri de l'air et les préserver de toute altération.

RÉSUMÉ DU CHAPITRE V

L'*air* est un mélange gazeux complexe formé essentiellement de $\frac{1}{5}$ d'oxygène et $\frac{4}{5}$ d'azote en volume ; il contient aussi $\frac{3}{10\,000}$ en volume de gaz carbonique, de la vapeur d'eau en quantité variable, de l'argon et une très petite quantité de gaz divers. Il tient en suspension des poussières minérales et organiques.

Pour déterminer le rapport en volume de l'oxygène et de l'azote on se sert de tubes gradués contenant un volume d'air connu et on absorbe l'oxygène soit par du phosphore à chaud, soit par du phosphore à froid.

L'air est un mélange et non une combinaison ; le rapport suivant lequel l'oxygène et l'azote sont unis n'est pas simple ; et chacun de ces deux gaz, en présence de l'eau, se dissout comme s'il était seul.

1 litre d'air pèse 1^g,293 à 0° et sous la pression de 76^{cm} de mercure.

L'*azote* forme les $\frac{4}{5}$ de l'air en volume. On peut l'extraire de l'air en brûlant du phosphore sous une cloche reposant sur l'eau.

C'est un gaz incolore, presque aussi dense que l'air. Ses affinités chimiques sont très faibles ; il n'entretient pas la combustion.

CHAPITRE VI

NOTIONS ÉLÉMENTAIRES DE CHIMIE GÉNÉRALE

31.Cristallisation. — La plupart des corps, en passant lentement de l'état liquide à l'état solide, prennent des formes géométriques régulières ; on dit que ces corps cristallisent, et on les appelle alors des *cristaux*.

On provoque la cristallisation des corps, soit en les soumettant par la chaleur à un changement d'état (cristallisation par voie sèche), soit en les dissolvant dans un liquide que l'on fait ensuite évaporer (cristallisation par voie humide).

Cristallisation par voie sèche. — Si l'on veut faire cristalliser du *soufre*, par exemple, on le fait fondre dans un creuset en terre, puis on le laisse refroidir lentement. Dès qu'une croûte d'épaisseur convenable s'est formée à la surface, on la perce en deux endroits avec une tige de fer chaude, et l'on décante pour faire écouler le soufre resté liquide. En enlevant alors complètement la croûte superficielle, on voit l'intérieur du creuset tapissé de longues aiguilles flexibles (*fig.* 29), d'un jaune brunâtre.

Cristallisation par voie humide. — Ce procédé s'applique facilement aux corps qui, comme le salpêtre, l'alun, sont beaucoup plus solubles à chaud qu'à froid.

On dissout dans de l'eau chaude une quantité du corps
supérieure à celle que l'on peut dissoudre à la température
ordinaire, puis on laisse refroidir lentement. Une partie du
corps se dépose en cristaux, qui se réunissent souvent en
groupe (*fig.* 30).

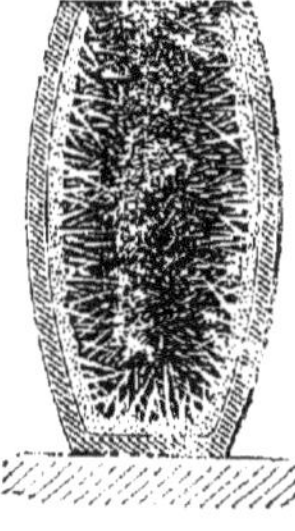

Fig. 29. — Cristallisation
du soufre par fusion.

Fig. 30. — Groupe de cristaux
d'alun.

32. Loi de la conservation de la matière. — Les corps,
en se combinant ou en se décomposant, ne font que se transformer en d'autres corps, sans qu'il y ait jamais ni créa-
tion, ni destruction de matière. C'est ce qu'exprime la loi
suivante, dite *loi des masses* : *La masse d'un composé est égale
à la somme des masses des corps qui le constituent.* Ainsi 4^g de
soufre et 7^g de fer formant 11^g de sulfure de fer ; 2^g d'hydrogène et 16^g d'oxygène formant 18^g de vapeur d'eau.
La loi des masses, énoncée par Lavoisier en 1789, peut
être considérée comme ayant été le point de départ de la
chimie moderne.

33. Loi des proportions définies. — L'oxygène et l'hydrogène, pour former de l'eau, se combinent toujours dans
la proportion $\frac{1}{8}$; de même le soufre et le fer, pour former le sulfure de fer dont nous avons parlé (4), dans la

Basin. — Chim. élém., I.   2

proportion $\frac{4}{7}$; de là *la loi des proportions définies* :

Pour former un composé déterminé, deux corps s'unissent toujours dans les mêmes proportions.

Il résulte de cette loi que si l'on fait l'analyse d'un composé déterminé, on trouvera toujours les mêmes constituants unis dans les mêmes proportions.

34. Molécules et masses moléculaires. — On admet aujourd'hui que les corps sont constitués par la réunion d'une très grande quantité de parties excessivement petites, ou *molécules*, toutes semblables entre elles, et séparées par des intervalles pouvant augmenter ou diminuer **sous** l'influence de causes extérieures.

Une molécule est donc la plus petite partie d'un corps qui puisse exister à l'état libre.

Des considérations physiques ont fait admettre qu'à une même température et sous une même pression *des volumes égaux de gaz ou de vapeurs renferment le même nombre de molécules.* Ainsi, un litre d'hydrogène renferme autant de molécules qu'un litre d'oxygène, qu'un litre de vapeur d'eau. Comme on ne connaît pas ce nombre de molécules, on ignore ce que pèse, par exemple, une molécule d'hydrogène, une molécule d'oxygène ; mais il est aisé de trouver les masses de toutes les molécules de corps différents les unes par rapport aux autres, c'est-à-dire leur masse relative.

Convenons qu'une molécule d'hydrogène aura une valeur égale à 2 ; on appellera *masse moléculaire* d'un gaz ou d'une vapeur *la masse d'une molécule de ce gaz ou de cette vapeur par rapport à la masse 2 d'une molécule d'hydrogène.* Nous savons, par exemple, que l'oxygène à volume égal pèse 16 fois plus que l'hydrogène ; c'est donc qu'une molécule d'oxygène pèse 16 fois plus qu'une molécule d'hydrogène, et comme celle-ci a une masse représentée par 2, la masse moléculaire de l'oxygène sera $16 \times 2 = 32$. De même, un litre de vapeur d'eau pesant 9 fois plus qu'un litre d'hydrogène, la masse moléculaire de la vapeur d'eau sera $9 \times 2 = 18$.

35. Atomes et masses atomiques. — Considérons une molécule de vapeur d'eau ; elle est formée d'oxygène et d'hydrogène, et renferme par conséquent des parties plus petites qu'elle-même de chacun de ces deux gaz. On donne à ces parties le nom d'*atomes*. Toute molécule de corps composé est constituée par une réunion d'atomes de chacun des corps simples qui entrent dans le composé. Une molécule d'un corps simple est également formée d'atomes, mais ces atomes sont tous de même espèce : une molécule d'hydrogène ne renferme que des atomes d'hydrogène.

On définit l'*atome* d'un corps simple : *la plus petite quantité de ce corps pouvant entrer en combinaison.*

En se basant sur la connaissance des masses moléculaires, on établit facilement :

1º Combien une molécule d'un corps simple renferme d'atomes de ce corps simple (on trouve, par exemple, qu'une molécule d'hydrogène est la réunion de 2 atomes et que, par conséquent, la masse d'un atome d'hydrogène doit être représentée par 1) ;

2º Le nombre d'atomes qu'il y a dans chaque molécule des corps composés : une molécule d'eau, par exemple, est formée par la combinaison de 1 atome d'oxygène et de 2 atomes d'hydrogène.

Par convention, *le symbole de chaque corps simple représente en même temps sa masse atomique.* La masse atomique d'un corps simple est la masse d'un atome de ce corps, comparée à la masse 1 d'un atome d'hydrogène.

NOMENCLATURE ET NOTATION CHIMIQUES

36. Division des corps simples. — On connaît aujourd'hui environ 70 corps simples. On les divise en deux groupes : les métalloïdes et les métaux.

Les *métaux* sont doués d'un éclat particulier, appelé éclat métallique. Ils sont opaques, conduisent bien la chaleur et l'électricité et se laissent pour la plupart étirer en fils ou réduire en lames. Tous sont solides à la température ordinaire, à l'exception du mercure, qui est liquide. On en connaît environ 55, dont voici les plus usuels : sodium, Na ; argent, Ag ; calcium, Ca ; plomb, Pb ; zinc, Zn ; cuivre, Cu ; mercure, Hg ; or, Au ; étain, Sn ; fer, Fe.

Les *métalloïdes* conduisent mal la chaleur et l'électricité et sont relativement légers par rapport aux métaux. Quatre d'entre eux sont gazeux à la température ordinaire : ce sont l'oxygène, l'azote, le chlore et le fluor ; un seul est liquide : le brome ; les autres sont solides et ne possèdent généralement pas l'éclat métallique. Quant à l'hydrogène, l'ensemble de ses propriétés le place entre les métalloïdes et les métaux.

Le tableau suivant donne les métalloïdes groupés en familles naturelles et dans l'ordre où ils devraient être étudiés :

HYDROGÈNE H

Ire *Famille*		2e *Famille*		3e *Famille*		4e *Famille*	
Fluor. .	F	Oxygène. .	O	Azote. . .	Az	Carbone. .	C
Chlore..	Cl	Soufre.. .	S	Phosphore.	P	Silicium. .	Si
Brome..	Br	Sélénium..	Se	Arsenic. .	As		
Iode. .	I	Tellure.	Te	Antimoine.	Sb		
				Bore. . .	B		

37. Notation des corps composés. — De même que chaque corps simple se note par un symbole représentant en même temps sa masse atomique, chaque composé se note par une *formule*, constituée par les symboles des corps simples composants et représentant en même temps sa masse moléculaire.

Pour établir la formule d'un composé, on écrira donc les uns à la suite des autres les symboles des composants : de plus, chaque symbole sera affecté d'un exposant indiquant le nombre d'atomes du corps simple correspondant qui entre dans la molécule du composé. Ainsi une molécule d'oxyde rouge de mercure, contenant 1 atome de mercure et 1 atome d'oxygène, sera représentée par la formule HgO ; une molécule d'eau, qui renferme 2 atomes d'hydrogène et 1 atome d'oxygène, par la formule H^2O.

38. Équations chimiques. — Pour se rendre compte rapidement des réactions chimiques, on représente celles-ci par des équations. Le premier membre d'une équation renferme les symboles et formules des corps qui réagissent l'un sur l'autre ; le second, les symboles et formules des corps résultant de la réaction.

Soit à exprimer la préparation de l'hydrogène par le zinc et l'acide sulfurique :

$$Zn + SO^4H^2 = SO^4Zn + 2H^{\nearrow}.$$

zinc   acide   sulfate   hydrogène
sulfurique   de zinc

Dans la préparation de l'oxygène par le chlorate de potassium en présence du bioxyde de manganèse, le chlorate se décompose régulièrement en chlorure de potassium et oxygène :

$$ClO^3K = KCl + 3O^{\nearrow}.$$

chlorate   chlorure   oxygène
de   de
potassium   potassium

39. Fonctions chimiques. — Les corps composés peuvent être partagés en un certain nombre de groupes, caractérisés chacun par un ensemble de propriétés communes constituant ce que l'on appelle la *fonction chimique* du groupe.

Les trois groupes les plus importants sont les acides, les bases et les sels.

Acides. — *Les acides sont des composés qui renferment de l'hydrogène pouvant être remplacé en tout ou en partie par un métal.* Ces composés rougissent une matière colorante bleue connue sous le nom de *teinture de tournesol* ; étendus d'eau, ils ont une saveur aigre, analogue à celle du vinaigre. Les acides les plus usuels sont l'acide sulfurique SO^4H^2, l'acide chlorhydrique HCl et l'acide azotique AzO^3H.

Bases. — *Les bases sont des composés renfermant un métal pouvant se substituer à l'hydrogène d'un acide.* Leurs dissolutions ramènent au bleu la teinture de tournesol rougie par un acide. Elles ont une saveur âcre ou caustique. La chaux éteinte CaO^2H^2, la potasse KOH, la soude $NaOH$ sont des bases importantes.

Sels. — *Les sels dérivent des acides dont l'hydrogène a été remplacé en tout ou en partie par un métal.*

Ce remplacement se produit principalement soit quand on fait agir un acide sur un métal, comme dans la préparation de l'hydrogène, soit quand on fait agir un acide sur une base. Dans ce dernier cas, la formation du sel est accompagnée d'une élimination d'eau. Ex. : versons de l'acide chlorhydrique dans une dissolution de potasse ; du chlorure de potassium KCl prendra naissance et de l'eau sera mise en liberté :

$$HCl + KOH = KCl + H^2O.$$

40. Nomenclature des composés. — Anciennement, les composés connus portaient des noms arbitraires, latins pour la plupart, et ne rappelant en rien leur origine. Souvent même un composé avait plusieurs noms à la fois. En 1782, Guyton de Morveau proposa d'établir une nomenclature systématique; il publia en 1787 une nomenclature réellement scientifique, dont les règles sont encore en grande partie adoptées aujourd'hui.

Les règles de nomenclature les plus simples se rapportent aux **acides** et aux **sels**.

Nomenclature des acides. — Les acides peuvent être divisés en deux groupes : les hydracides et les oxacides.

Les *hydracides* ne sont formés que de deux corps simples dont l'un est nécessairement de l'hydrogène. Pour les nommer, on ajoute au mot « acide » le nom du corps combiné à l'hydrogène avec la terminaison « hydrique » : acide chlorhydrique HCl, acide sulfhydrique H^2S.

Les *oxacides* sont des composés ternaires oxygénés renfermant de l'hydrogène comme tous les acides. On les nomme en ajoutant au nom du corps uni à l'oxygène et à l'hydrogène la terminaison « ique » : acide carbonique CO^3H^2. Si ce même corps forme deux acides différents, on laisse la terminaison « ique » à celui qui contient le plus d'oxygène et on donne la terminaison « eux » à celui qui en contient le moins : acide azoteux AzO^2H, acide azotique AzO^3H. Enfin si le nombre des acides est supérieur à deux, on les distingue par les préfixes *per* (qui signifie plus oxygéné relativement), *hypo* (qui signifiera moins oxygéné) : acide hyposulfureux $S^2O^3H^2$, acide sulfureux SO^3H^2, acide sulfurique SO^4H^2, acide persulfurique SO^4H.

Nomenclature des sels. — Les sels correspondant aux

hydracides se nomment en donnant la terminaison *ure* au corps qui est uni au métal : chlorure de sodium NaCl, iodure de potassium KI, sulfure de zinc ZnS.

Pour nommer un sel correspondant à un oxacide, on écrit d'abord le nom de l'oxacide dont il dérive, en changeant la terminaison *ique* en *ate* et la terminaison *eux* en *ite* ; puis on fait suivre le nom ainsi formé de celui du métal substitué à l'hydrogène de l'acide : sulfate de sodium (SO^4Na^2), sulfite de zinc (SO^3Zn).

44. Premières notions sur la valence. — Si l'on examine les formules des combinaisons gazeuses que forme l'hydrogène avec les métalloïdes, on est conduit à diviser ceux-ci en un certain nombre de groupes, tels qu'un atome des métalloïdes d'un même groupe se combine au même nombre d'atomes d'hydrogène.

Le 1er groupe comprend le fluor, le chlore, le brome et l'iode : 1 atome de chacun de ces éléments fixe toujours 1 atome d'hydrogène pour donner les molécules HF, HCl, HBr, HI. On exprime ce fait en disant que ces quatre métalloïdes sont *monovalents*.

L'oxygène, le soufre, le sélénium et le tellure composent le 2e groupe et sont *divalents* : chaque atome de ces métalloïdes fixe en effet 2 atomes d'hydrogène dans les molécules H^2O, H^2S, H^2Se, H^2Te.

Chaque atome d'azote, de phosphore, d'arsenic et d'antimoine se combine à 3 atomes d'hydrogène ; il en résulte les molécules AzH^3, PH^3, AsH^3, SbH^3. Ces métalloïdes sont donc *trivalents*.

Enfin le carbone et le silicium sont *tétravalents* dans leurs combinaisons hydrogénées CH^4 et SiH^4.

La valence d'un métalloïde est donc définie par le nombre d'atomes d'hydrogène auquel s'unit un atome de ce métalloïde.

RÉSUMÉ DU CHAPITRE VI

La plupart des corps *cristallisent* en passant lentement de l'état liquide à l'état solide. On provoque la cristallisation des corps soit en les soumettant par la chaleur à un changement d'état (cristallisation du soufre), soit en les dissolvant dans un liquide que l'on fait ensuite évaporer (cristallisation de l'alun).

La masse d'un composé est égale à la somme des masses des corps qui le constituent (*loi des masses*). Pour former un composé déterminé, deux corps s'unissent toujours dans les mêmes proportions (*loi des proportions définies*).

On admet que les corps résultent de l'agglomération de particules très petites appelées *molécules*, toutes semblables entre elles. Des volumes égaux de gaz ou de vapeurs (à la même température et sous la même pression) contiennent le même nombre de molécules La *masse moléculaire* d'un corps est la masse d'une molécule de ce corps rapportée à la masse conventionnelle 2 de la molécule d'hydrogène.

On appelle *atome* la plus petite quantité d'un corps simple pouvant entrer en combinaison. Les atomes, par leur réunion, forment les molécules. Le symbole de chaque corps simple représente en même temps sa *masse atomique*, c'est-à-dire la masse d'un atome de ce corps comparée à la masse 1 d'un atome d'hydrogène.

On distingue les corps simples en métaux (éclat métallique, bons conducteurs de la chaleur et de l'électricité) et métalloïdes (dépourvus d'éclat métallique, mauvais conducteurs).

La *formule* d'un composé est la réunion des symboles des corps simples composants, chaque symbole ayant un exposant égal au nombre d'atomes du corps simple correspondant qui entrent dans la molécule du composé.

Les réactions chimiques s'expriment par des *équations*, dont le premier membre renferme les symboles et formules des corps réagissants, le second les symboles et formules des produits obtenus.

Les *acides* renferment de l'hydrogène remplaçable par un métal ; ils rougissent la teinture de tournesol. Les *bases* renferment un métal ; elles ramènent au bleu le tournesol rougi par un acide. Les *sels* résultent du remplacement de l'hydrogène des acides par des métaux.

Les hydracides prennent la terminaison « hydrique », les oxacides la terminaison « ique ». Si le corps uni à l'oxygène et à l'hydrogène forme deux acides différents, on laisse la terminaison « ique » à celui qui contient le plus d'oxygène, et on donne la terminaison « eux » à celui qui en contient le moins. Les sels correspondant aux hydracides prennent la terminaison « ure » ; ceux qui correspondent aux oxacides, les terminaisons « ite » (quand l'acide est terminé en « eux ») ou « ate » (quand l'acide est terminé en « ique »).

CHAPITRE VII

CHLORE

Symbole : Cl.

M. atomique : 35,5.

42. État naturel. — Le chlore ne se rencontre pas libre dans la nature, mais il est très répandu à l'état de chlorures : le *chlorure de sodium* NaCl forme des dépôts considérables dans le sein de la terre ; il y en a près de 25^g dans un litre d'eau de mer. Celle-ci contient aussi en dissolution du *chlorure de potassium* KCl et du *chlorure de magnésium* $MgCl^2$.

43. Préparation. — *Le chlore se prépare en décomposant l'acide chlorhydrique par le bioxyde de manganèse.*

On chauffe doucement les deux corps dans un ballon muni d'un tube de sûreté (*fig.* 31). L'oxygène du bioxyde s'unit à l'hydrogène de l'acide chlorhydrique pour former de l'eau ; une partie du chlore se combine au manganèse ; l'autre se dégage, passe dans un flacon laveur contenant un peu d'eau

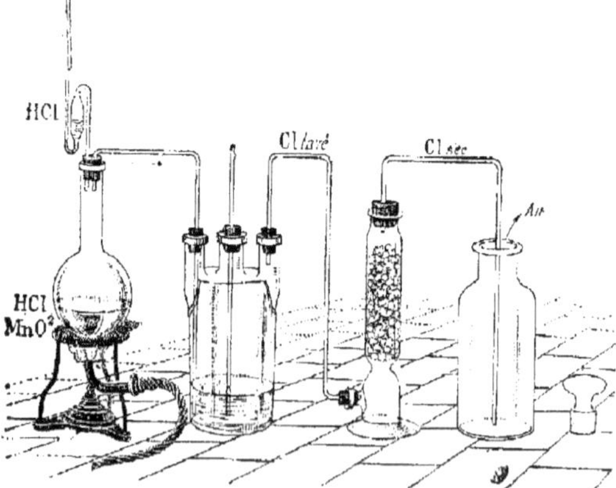

Fig. 31. — Préparation du chlore.

pour retenir l'acide chlorhydrique entraîné, puis se dessèche
dans un tube contenant du chlorure de calcium. Il reste
dans le ballon du chlorure de manganèse et de l'eau :

$$MnO^2 + 4HCl = MnCl^2 + 2H^2O + 2Cl^-.$$

Le chlore ne peut être recueilli, ni sur l'eau dans laquelle
il est soluble, ni sur le mercure qu'il attaque ; on le recueille *à sec,* en faisant arriver le tube à dégagement au
fond d'un flacon sec : le chlore, plus lourd que l'air, chasse
peu à peu celui-ci et communique au flacon une teinte
jaune-verdâtre.

Quand on ne tient pas à avoir du chlore pur, on met du
chlorure de chaux (48) dans
un appareil à hydrogène dont
le tube à entonnoir est remplacé par un tube à boule et
à robinet (*fig.* 32). On verse
de l'acide chlorhydrique dans
l'entonnoir et on ouvre de
temps en temps le robinet pour
le faire écouler dans le flacon.
Le chlore ainsi obtenu est
aussi recueilli à sec.

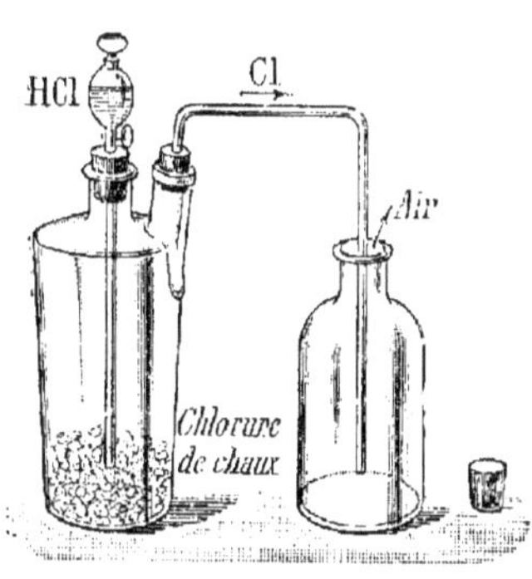

Fig. 32. — Préparation du chlore
à froid.

Industriellement, le chlore est préparé en grand dans une
série de cuves prismatiques construites en dalles de lave de
Volvic (*fig.* 33). Ces cuves portent le nom de « stills » ou
« pierres ». Chacune d'elles porte un double fond, incliné et
percé de trous, pour recevoir le bioxyde de manganèse en
morceaux. On chauffe en injectant de la vapeur d'eau au-des-
sous du double fond par un tube en grès.
Les résidus acides provenant de l'opération sont régénérés
par un traitement convenable et peuvent être de nouveau
traités par l'acide chlorhydrique.

Il existe d'autres procédés industriels qui permettent d'obtenir du chlore ; le plus important consiste à décomposer le

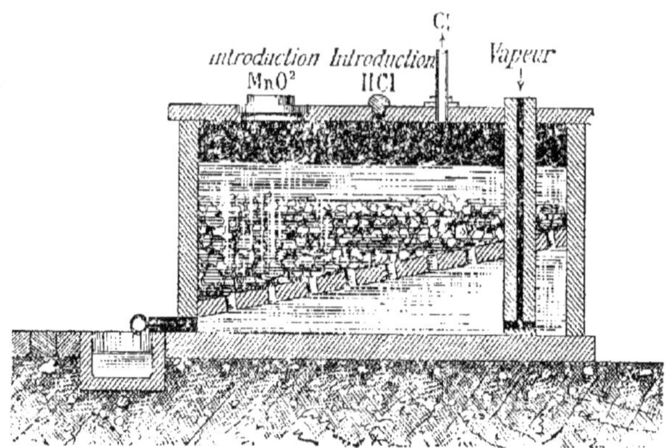

Fig. 33. — Still pour la préparation industrielle du chlore.

chlorure de sodium par un courant électrique (132).

44. Propriétés physiques. — Le chlore est un gaz jaune-verdâtre, d'une odeur suffocante caractéristique. Il est environ 2 fois 1/2 plus lourd que l'air.

L'eau dissout environ 3 fois son volume de chlore à la température ordinaire. Cette dissolution, appelée *eau de chlore*, s'obtient en remplaçant le tube desséchant de l'appareil producteur de chlore par un flacon laveur aux 3/4 rempli d'eau. On dispose à la suite de ce flacon une éprouvette contenant un lait de chaux, destiné à absorber le chlore en excès.

Action sur l'organisme. — Le chlore est dangereux à respirer. En petite quantité, il détermine une sensation de chaleur à la gorge, accompagnée d'une toux douloureuse ; en plus grande quantité, il produit des crachements de sang. On atténue ces accidents en buvant du lait ou en respirant de la vapeur d'eau.

45. Propriétés chimiques. — La propriété caractéristique du chlore est sa grande tendance à s'unir à l'*hy-*

drogène pour former de l'acide chlorhydrique. Pour effectuer cette combinaison, on introduit dans une éprouvette à pied des volumes égaux de chlore sec et d'hydrogène, puis on approche une flamme de l'ouverture ; il se produit une forte détonation et l'éprouvette se remplit de vapeurs blanches d'acide chlorhydrique (*fig.* 34).

Fig. 34. — Combinaison du chlore et de l'hydrogène.

Action sur les métalloïdes. — Le chlore se combine directement avec la plupart des métalloïdes.

Un morceau de *phosphore* sec placé dans une coupelle et introduit dans un flacon plein de chlore fond, puis s'enflamme et se transforme en chlorures PCl^3 et PCl^5. L'*antimoine*, finement pulvérisé et projeté dans le chlore, produit une gerbe d'étincelles accompagnées de fumées épaisses de chlorure d'antimoine $SbCl^3$ (*fig.* 35).

Fig. 35. — Combustion de l'antimoine dans le chlore.

Action sur les métaux. — Un grand nombre de métaux sont attaqués par le chlore à la température ordinaire. Ainsi du *sodium* introduit dans le chlore s'enflamme spontanément en formant du chlorure de sodium. Du *mercure* agité dans un flacon de chlore finit par adhérer au verre sous forme d'un enduit miroitant constitué par du chlorure de mercure. Une feuille d'*or* agitée dans de l'eau de chlore disparaît rapidement

Le *fer*, le *cuivre*, l'*étain* doivent être préalablement chauffés : un gros fil de cuivre rouge, légèrement chauffé et introduit dans un flacon plein de chlore, devient incandescent ; il se produit en même temps des fumées jaunes, épaisses, de chlorure de cuivre.

Action sur les composés. — A cause de sa grande tendance à s'unir à l'hydrogène, le chlore enlève ce gaz à la plupart des composés hydrogénés.

L'*eau* est décomposée par le chlore sous l'influence de la lumière ou de la chaleur : $H^2O + 2Cl = 2HCl + O^-$.

On évite l'action de la lumière en conservant l'eau de chlore dans des flacons en verre jaune ou noir.

L'*acide sulfhydrique* cède également son hydrogène au chlore : $H^2S + 2Cl = 2HCl + S$.

Cette propriété fait du chlore un désinfectant précieux.

Si l'on fait arriver un courant de *gaz ammoniac* AzH^3 dans un flacon plein de chlore (*fig.* 36), il y a inflammation et il se produit des fumées blanches de chlorure d'ammonium AzH^4Cl :

$$4AzH^3 + 3Cl = 3AzH^4Cl + Az^-.$$

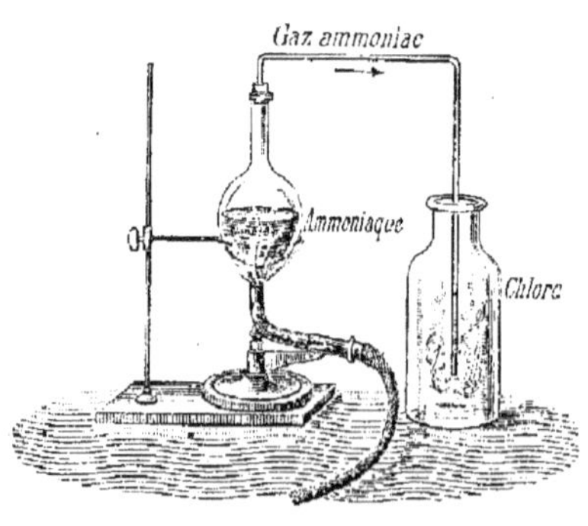

Fig. 36. — Action du chlore sur l'ammoniaque.

Enfin les *matières organiques* hydrogénées sont plus ou moins attaquées par le chlore. Un morceau de papier à filtre imprégné d'essence de térébenthine $C^{10}H^{16}$ brûle dans le chlore avec une flamme rougeâtre en produisant un dépôt de noir de fumée

$$C^{10}H^{16} + 16Cl = 16HCl + 10C.$$

Sous l'influence du chlore, les bouchons de liège sont attaqués et jaunis ; les matières colorantes d'origine organique sont détruites : Versons de l'eau de chlore dans des verres renfermant respectivement du tournesol, de l'encre, etc.; nous verrons ces liquides se décolorer immédiatement. Cette action décolorante du chlore constitue une de ses principales applications.

46. Usages. — Le chlore est surtout employé comme *décolorant* et comme *désinfectant*. Son emploi à l'état de gaz serait peu commode ; aussi le fait-on absorber par de la potasse, de la soude ou de la chaux : on obtient ainsi les chlorures décolorants (48). Dans l'industrie, on a recours au chlore pour extraire le brome et l'iode, pour préparer des produits chlorés, comme le chloral, etc.

CHLORURES DÉCOLORANTS

47. Composés oxygénés du chlore. — Le chlore forme avec l'oxygène 7 composés dont le plus important est l'*acide hypochloreux* ClOH.

On obtient une dissolution d'acide hypochloreux en introduisant dans un flacon de chlore de l'oxyde rouge de mercure délayé dans l'eau et en agitant fortement : la coloration verte du chlore disparaît peu à peu et le flacon contient une dissolution jaune d'acide hypochloreux. Cette dissolution est un *décolorant* énergique, agissant à la fois par son chlore et par son oxygène :

$$2ClOH = H^2O + 2Cl + O.$$

L'acide hypochloreux est employé à l'état d'*hypochlorites*, formant la base des chlorures décolorants.

48. Chlorure de chaux. — Le chlorure de chaux est le chlorure décolorant le plus employé. Sa formule est $CaOCl^2$.

Il y a du chlorure solide et du chlorure liquide.

Le chlorure solide, de beaucoup le plus important, se prépare en faisant passer un lent courant de chlore sur de la chaux éteinte, tamisée et étendue sur des tablettes en couches de 10 à 15^{cm} d'épaisseur :

$$CaO + 2Cl = CaOCl^2.$$

Pour obtenir le chlorure liquide, on fait passer un courant de chlore dans un lait de chaux et on arrête le courant gazeux avant la disparition totale de la chaux.

Le chlorure de chaux solide se présente en poudre blanche, amorphe, à faible odeur de chlore. Il se dissout dans l'eau en laissant un résidu de chaux hydratée. Les acides le décomposent et mettent le chlore en liberté :

$$CaOCl^2 + 2HCl = CaCl^2 + H^2O + 2Cl^-.$$

Le chlorure de chaux remplace le chlore dans la plupart de ses applications. Il est en effet d'un maniement commode, peut être transporté et n'a qu'une faible odeur. On en met aux bouches d'égout, dans les fosses d'aisances, en solutions de 2 à 5 % ; il sert aussi pour le blanchiment des fibres végétales (lin, chanvre, etc.) et de la pâte à papier, pour détruire les miasmes dans les hôpitaux. 1^{kg} de chlorure peut dégager 100 à 130^l de chlore.

49. Autres chlorures décolorants. — On emploie encore comme chlorures décolorants l'*eau de Javel* ClOK + KCl et la *liqueur de Labarraque* ClONa + NaCl, qui sont des mélanges d'hypochlorite de potassium ou de sodium et du chlorure correspondant. L'eau de Javel s'obtient en faisant passer un courant ménagé de chlore dans une dissolution de potasse caustique maintenue froide :

$$2KOH + 2Cl = ClOK + KCl + H^2O.$$

La liqueur de Labarraque se prépare en faisant barboter du chlore dans un lait de chaux en suspension dans une solution de sulfate de sodium : il se forme du sulfate de calcium insoluble et la liqueur contient un mélange d'hypochlorite et de chlorure de sodium.

Remarque. — Le blanchiment par l'électricité (procédé Hermite) est entré aujourd'hui dans la pratique. On électrolyse une solution de chlorure de magnésium. Le chlorure de magnésium est décomposé en même temps que l'eau. L'hydrogène de l'eau et le magnésium se portent au pôle négatif, le chlore et l'oxygène se portent au pôle positif et s'y combinent en formant un composé oxygéné du chlore doué d'un grand pouvoir décolorant. On fait agir la dissolution ainsi obtenue sur des fibres végétales, telles que la pâte à papier, etc.; l'oxygène opère le blanchiment, et le chlore, s'unissant au magnésium, reconstitue le chlorure de magnésium, qui sert ainsi indéfiniment.

RÉSUMÉ DU CHAPITRE VII

Le *chlore* ($Cl = 35,5$) ne se rencontre pas libre dans la nature : son composé le plus répandu est le chlorure de sodium.

On prépare le chlore en chauffant du bioxyde de manganèse avec de l'acide chlorhydrique dans un ballon de verre ; le gaz est lavé, séché et recueilli à sec.

Le chlore est un gaz jaune-verdâtre, à odeur suffocante. Il est 2 fois 1/2 plus lourd que l'air. Sa solubilité dans l'eau $= 3$ à la température ordinaire. Cette dissolution constitue l'eau de chlore.

Le chlore se combine directement avec presque tous les corps simples, en dégageant beaucoup de chaleur. Un mélange à volumes égaux de ce gaz et d'hydrogène détone violemment à l'approche d'une flamme : le produit de la combinaison est de l'acide chlorhydrique.

Le phosphore, l'antimoine s'enflamment spontanément dans le chlore; le fer, le cuivre y brûlent quand ils ont été préalablement chauffés.

A cause de sa grande affinité pour l'hydrogène, le chlore enlève ce gaz à la plupart des composés hydrogénés : il décompose l'eau, l'acide sulfhydrique, détruit les matières colorantes organiques.

On utilise les propriétés décolorantes du chlore et son action sur l'acide sulfhydrique pour le blanchiment et pour la destruction des miasmes. On emploie ce gaz à l'état de chlorures décolorants.

Le chlorure décolorant le plus important est le chlorure de chaux $CaOCl^2$, que l'on obtient en faisant passer du chlore sur de la chaux éteinte. Les acides le décomposent et mettent le chlore en liberté. On emploie aussi l'eau de Javel $ClOK + KCL$ et la liqueur de Labarraque $ClONa + NaCl$.

CHAPITRE VIII

ACIDE CHLORHYDRIQUE

Formule : HCl.

50. État naturel. — L'acide chlorhydrique, appelé quelquefois *esprit de sel*, se dégage des volcans. Comme il est très soluble dans l'eau, il se dissout dans les ruisseaux qui descendent des montagnes volcaniques. Le suc gastrique (sécrété dans l'estomac) en contient de 2 à 3/1000, et c'est pour faire face à cette production que l'homme a besoin de faire entrer du sel (chlorure de sodium) dans son alimentation.

51. Préparation. — *On prépare l'acide chlorhydrique en décomposant le chlorure de sodium par l'acide sulfurique.* Le résidu de la préparation est du sulfate acide de sodium :

$$NaCl + SO^4H^2$$
$$= SO^4NaH + HCl.$$

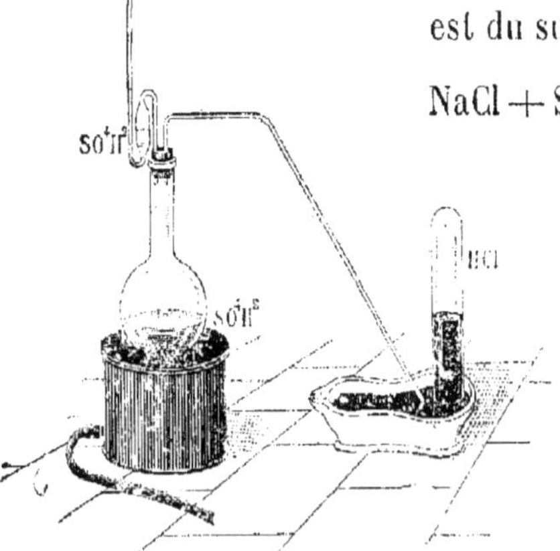

Fig. 37. — Préparation de l'acide chlorhydrique.

On introduit dans un ballon muni d'un tube de sûreté et d'un tube à dégagement (*fig.* 37) du chlorure de sodium fondu (le chlorure de sodium ordinaire serait trop vite attaqué), puis on verse de l'acide sulfurique par le tube de sûreté et l'on chauffe modérément. Le gaz est recueilli sur le mercure. Comme il est plus lourd que l'air, on peut aussi le recueillir à sec dans des flacons qui ont été soigneusement desséchés.

La *dissolution* d'acide chlorhydrique s'obtient en disposant à la suite du ballon précédent une série de flacons laveurs contenant de l'eau pure. Les tubes qui amènent le gaz dans chaque flacon plongent de quelques millimètres seulement, de sorte que la dissolution, plus dense que l'eau, gagne le fond au fur et à mesure de sa formation.

Dans l'industrie, le sel marin et l'acide sulfurique sont chauffés dans des fours ; la température étant très élevée, le sulfate acide de sodium formé réagit sur le sel marin, et le résultat est du sulfate neutre de sodium :

$$2NaCl + SO^4H^2 = SO^4Na^2 + 2HCl.$$

L'acide chlorhydrique qui se dégage traverse successivement une série de bonbonnes et une tour remplie de coke (*fig.* 38) ; l'eau circule en sens inverse et se charge de plus en plus d'acide chlorhydrique.

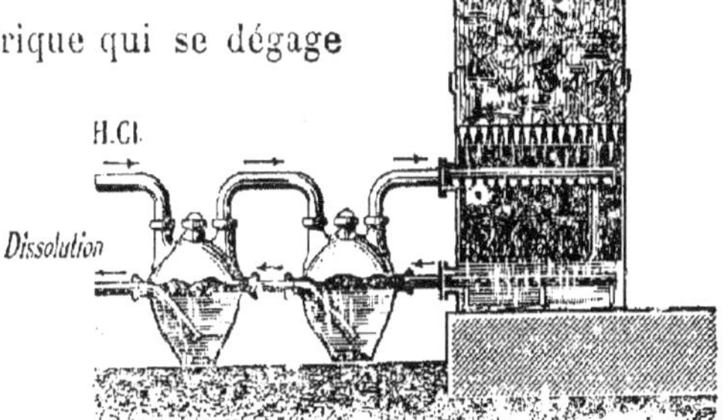

Fig. 38. — Condensation industrielle de l'acide chlorhydrique.

La dissolution courante du commerce est d'un jaune d'ambre; elle contient un certain nombre d'impuretés, notamment du

chlorure de fer qui lui donne sa couleur jaune ; il provient de
l'attaque par l'acide chlorhydrique de la fonte des fours.

52. Propriétés physiques. — L'acide chlorhydrique est
un gaz incolore fumant à l'air ; il a une odeur suffocante et
une saveur fortement acide. 1ˡ d'air pèse 1ᵍ,293 et 1ˡ d'acide
chlorhydrique 1ᵍ,616 ; le rapport entre ces deux masses,
c'est-à-dire la densité de l'acide chlorhydrique, est donc
représentée par $\dfrac{1,616}{1,293} = 1,25$.

L'eau, à 0°, dissout 500 fois son volume d'acide chlorhydrique. Pour mettre en évidence
cette grande solubilité, on ferme
un flacon plein de ce gaz par
un bouchon portant un tube
dont une extrémité est effilée
et l'autre fermée à la lampe
(*fig.* 39). On brise cette dernière après l'avoir introduite
dans un vase contenant de l'eau
colorée par du tournesol bleu ;
l'eau s'élève dans le flacon en
formant un jet d'eau et en pre-
nant une coloration rouge.

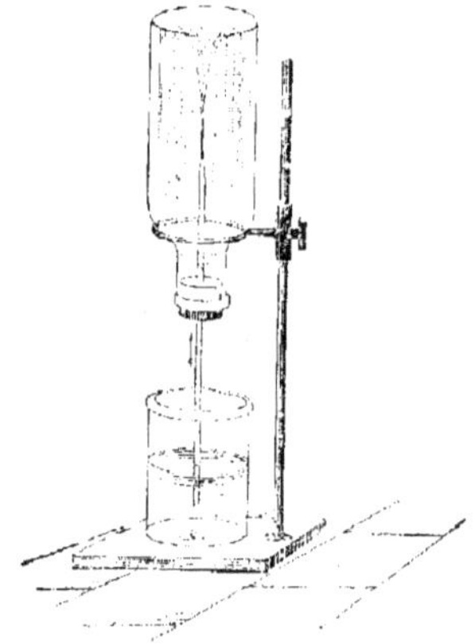

Fig. 39. — Solubilité de l'acide
chlorhydrique.

On n'emploie l'acide chlorhydrique qu'à l'état de dissolution.

Action sur l'organisme. — Les vapeurs d'acide chlorhydrique
exercent une action très irritante sur les poumons : elles pro-
voquent la toux, les larmes, quelquefois des crachements de
sang. La dissolution, introduite dans le tube digestif, y produit des ulcérations profondes ; son contrepoison est la magnésie calcinée, qui forme du chlorure de magnésium.

53. Propriétés chimiques. — L'acide chlorhydrique est

un *acide très énergique*, rougissant fortement le tournesol. Il n'est pas combustible et une bougie allumée plongée dans ce gaz s'éteint.

Action sur les métaux. — Tous les métaux, sauf l'or et le platine, sont attaqués par l'acide chlorhydrique ; il se forme un chlorure et il se dégage de l'hydrogène.

La réaction se produit à froid et est très vive avec le zinc et avec l'aluminium :

$$2Al + 6HCl = Al^2Cl^6 + 6H^2.$$

Avec l'étain, il faut chauffer légèrement. Enfin le mercure et l'argent ne sont attaqués qu'au rouge sombre.

Action sur les composés. — Le *gaz ammoniac* se combine au gaz chlorhydrique volume à volume en formant du chlorure d'ammonium AzH^4Cl. Il suffit de mettre en présence les bouchons des flacons à acide chlorhydrique et à ammoniaque pour voir apparaitre aussitôt d'épaisses fumées blanches de ce chlorure (*fig.* 40).

Fig. 40. — Action de l'acide chlorhydrique sur l'ammoniaque.

L'acide chlorhydrique attaque la plupart des *oxydes métalliques* ; il se produit un chlorure et de l'eau :

$$FeO + 2HCl = FeCl^2 + H^2O ;$$
$$KOH + HCl = KCl + H^2O.$$

Versons peu à peu de l'acide chlorhydrique dans une dissolution concentrée de potasse : il se formera un dépôt cristallin de chlorure de potassium.

Fonction chimique. — L'acide chlorhydrique ne renfermant qu'un atome d'hydrogène remplaçable par un métal, est dit acide *monobasique*; il ne s'unit qu'à 1 mol. de potasse KOH ou de soude NaOH et ne donne qu'un sel avec le même métal. Si celui-ci est monovalent, on a un chlorure de la forme KCl ou NaCl; avec un métal divalent, comme le calcium, le zinc, etc., les formules des chlorures seront $CaCl^2$, $ZnCl^2$,... car un atome de métal divalent ne pouvant remplacer que 2 atomes d'hydrogène réagit sur 2 mol. d'acide chlorhydrique.

54. Usages. — L'acide chlorhydrique sert à préparer le chlore, l'hydrogène, le gaz carbonique, etc. Dans l'industrie, on l'emploie pour préparer les chlorures décolorants, le chlorure d'ammonium ; pour extraire la gélatine des os, décaper les métaux pour l'étamage et la galvanisation, décomposer les savons de chaux, régénérer le soufre des charrées de soude, laver les sables et argiles employés en céramique, épailler les laines. Ce dernier usage est une application de la propriété que possède la paille de s'émietter

Fig. 41. — Synthèse de l'acide chlorhydrique.

dans l'acide chlorhydrique, tandis que la laine y conserve sa souplesse.

Mélangé à l'acide azotique, il constitue l'*eau régale*, qui dissout l'or, le roi des métaux.

55. Composition de l'acide chlorhydrique. Loi des volumes. — Pour faire la *synthèse* de l'acide chlorhydrique, on abandonne à la lumière diffuse un système de deux flacons d'égal volume dont les cols s'emboîtent exactement et qui ont été remplis préalablement, l'un de chlore, l'autre d'hydrogène (*fig.* 41). Après quelques heures, la couleur du chlore a disparu : si l'on ouvre alors les deux flacons séparément sur le mercure, on constate que le volume n'a pas changé. De plus, une petite quantité d'eau

introduite dans chaque flacon absorbe complètement
le gaz.

On déduit de cette expérience qu'*un volume* d'hydrogène,
en se combinant à *un volume* de chlore, forme *deux
volumes* d'acide chlorhydrique. C'est une application de la
loi des combinaisons en volume : *Les volumes de deux gaz
qui se combinent sont dans un rapport simple, et le volume du
composé formé, s'il est gazeux, est dans un rapport simple avec les
volumes des composants.* La synthèse de l'eau nous a montré
une autre application de cette loi (7).

56. Chlorures. — *Les chlorures sont les sels correspondant à l'acide chlorhydrique.*

Le chlorure naturel le plus important est le *chlorure de
sodium* (42). Le *chlorure de potassium* et le *chlorure de
magnésium* accompagnent souvent le chlorure de sodium.
Enfin on trouve dans la nature une petite quantité de
chlorure d'argent.

Préparation. — Quelques chlorures s'obtiennent par l'action directe du chlore sur le métal (chlorures d'étain, de
fer); la plupart des autres se préparent en faisant agir
l'acide chlorhydrique sur le métal ou sur un composé
contenant le métal : le zinc, au contact de l'acide chlorhydrique, se transforme en chlorure de zinc $ZnCl^2$; c'est
en dissolvant le carbonate de calcium dans l'acide chlorhydrique qu'on obtient le chlorure de calcium $CaCl^2$.

Propriétés. — Les chlorures sont généralement solubles
dans l'eau ; le chlorure d'argent est insoluble. L'*hydrogène* réduit la plupart des chlorures à une température
plus ou moins élevée ; il s'empare du chlore pour former
de l'acide chlorhydrique, et le métal est mis en liberté.

La réduction est facile à constater avec le chlorure d'argent (*fig.* 42):

$$Ag\,Cl + H = Ag + HCl.$$

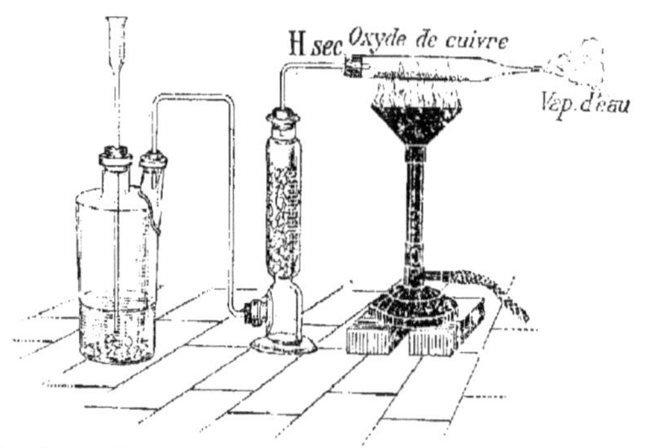

FIG. 42. — Réduction du chlorure d'argent par l'hydrogène.

Caractères. — Pour caractériser un chlorure solide, on le chauffe avec un peu de *bioxyde de manganèse* et d'*acide sulfurique concentré*; il se dégage du chlore, reconnaissable à sa couleur verdâtre et à son odeur caractéristique.

Si le chlorure est en dissolution, il donne avec l'*azotate d'argent* un précipité de chlorure d'argent, blanc, devenant violet à la lumière; ce précipité est soluble dans l'ammoniaque.

RÉSUMÉ DU CHAPITRE VIII

L'*acide chlorhydrique* HCl se prépare en chauffant dans un ballon du sel marin fondu avec de l'acide sulfurique; il reste du sulfate acide de sodium, et le gaz qui se dégage est recueilli à sec ou sur le mercure.

C'est un gaz incolore, à odeur piquante. L'eau en dissout 500 fois son volume à 0°. Cette dissolution s'obtient en faisant passer le gaz dans des flacons laveurs contenant de l'eau distillée; elle est incolore et fume à l'air.

L'acide chlorhydrique n'est pas combustible. C'est un acide énergique. Tous les métaux, sauf l'or et le platine, sont attaqués par lui, avec formation de chlorure et dégagement d'hydrogène. Au contact de l'ammoniaque, il produit des fumées blanches de chlorure d'ammonium.

Cet acide sert à préparer l'hydrogène, le chlore, la plupart des chlorures métalliques. On l'emploie pour décaper le fer, épailler les laines, etc. Avec l'acide azotique, il forme l'eau régale.

Deux gaz s'unissent toujours dans un rapport simple et le volume du composé, s'il est gazeux, est dans un rapport simple avec les volume des composants (loi des combinaisons en volume). Ainsi, par exemple, un volume d'hydrogène en se combinant à un volume de chlore donne deux volumes d'acide chlorhydrique.

Les *chlorures* correspondent à l'acide chlorhydrique. Le plus répandu dans la nature est le chlorure de sodium. On les prépare par l'action du chlore sur le métal, de l'acide chlorhydrique sur le métal ou un carbonate, etc.

Les chlorures sont presque tous solubles dans l'eau. L'hydrogène les réduit pour la plupart (réduction du chlorure d'argent).

CHAPITRE IX

SOUFRE

Symbole : **S.**   **M. atomique : 32.**

57. État naturel. — Le soufre a été connu de toute antiquité, car il existe à l'*état natif*, soit autour des volcans éteints, imprégnant les terres (solfatares de Pouzzolles près de Naples), soit en masses compactes, mélangées à du calcaire ou de la pierre à plâtre (soufrières de Sicile).

Le soufre est surtout répandu à l'état de *sulfures* (galène ou sulfure de plomb, blende ou sulfure de zinc) et de *sulfates* (gypse ou pierre à plâtre).

58. Extraction du soufre. — La majeure partie du soufre du commerce provient du soufre natif. Comme ce dernier n'est mélangé qu'à des matières terreuses ou bitumineuses, on l'en sépare facilement par la chaleur.

Procédé des calcaroni. — En Sicile, où le combustible est

rare et le transport difficile, on traite le minerai sur
place, et c'est le soufre lui-même qui sert de combustible.
Sur un sol incliné, on construit avec le minerai une grande
meule appelée *calcarone* (*fig.* 43), et on la recouvre de
terre en laissant libre les ouvertures de quelques cheminées
qui ont été ménagées dans la masse. Par ces ouvertures on
introduit des branches allumées ; une partie du soufre
brûle ; la chaleur provenant de sa combustion fait fondre

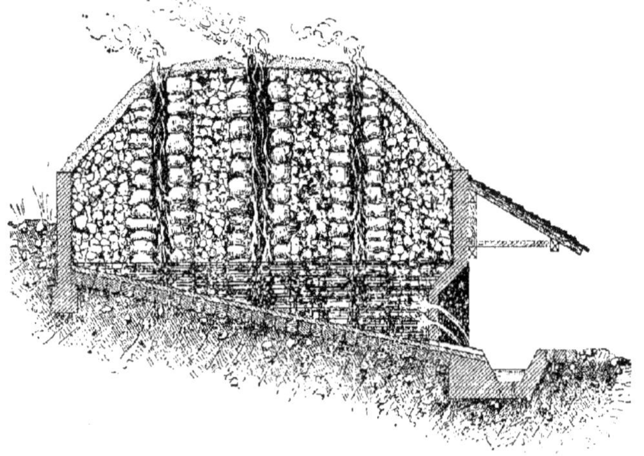

Fig. 43. — Procédé des calcaroni.

l'autre partie, qui s'écoule au dehors par une ouverture
ménagée à l'endroit le plus bas.

Ce procédé est expéditif, peu coûteux, mais fait perdre
environ un tiers du soufre du minerai.

Extraction par distillation. — Ce procédé s'applique aux
minerais pauvres provenant des solfatares. La terre soufrée
est introduite dans des pots en fonte, disposés en deux
rangées dans un four sur la sole duquel on brûle du bois

(fig. 44). Les vapeurs de soufre vont se condenser à l'état liquide dans des récipients extérieurs, d'où le soufre fondu s'écoule dans un petit réservoir.

Fig. 44.— Extraction du soufre par distillation.

Raffinage du soufre. — Le soufre brut ainsi obtenu renferme de 3 à 4 % d'impuretés dont on le débarrasse en le raffinant. En France, le raffinage s'effectue principalement à Marseille.

Le soufre brut est introduit dans une chaudière en

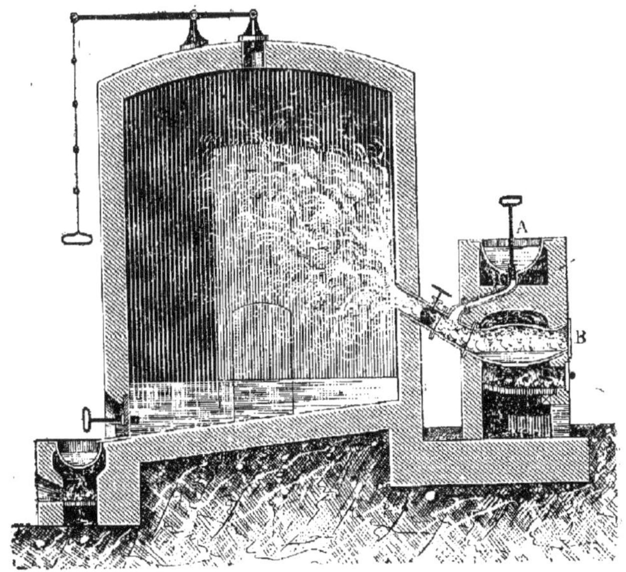

Fig. 45. — Raffinage du soufre brut.

fonte A (*fig.* 45), chauffée par la chaleur perdue du foyer ;
quand il est fondu, on le fait écouler dans une chaudière
inférieure B, chauffée directement par le foyer. Les vapeurs
de soufre qui s'en échappent se rendent dans une grande
chambre en maçonnerie, sur les parois de laquelle elles
se condensent d'abord en poudre très légère, constituant la
fleur de soufre. Mais ces parois s'échauffent peu à peu et
finissent par acquérir une température supérieure au point
de fusion du soufre ; dès lors, les vapeurs se condensent à
l'état de soufre liquide, qui se rassemble sur le sol incliné
de la chambre. Par une ouverture que l'on débouche de
temps à autre, on le fait écouler dans une petite chaudière,
d'où il est coulé dans des moules en bois entourés d'eau
froide. On obtient ainsi le *soufre en canons*.

. On obtient aussi du soufre en utilisant l'action de la chaleur
sur les sulfures métalliques (pyrites de fer FeS^2, blende ZnS).
Le sulfure de fer, par exemple, perd le tiers de son soufre
quand on le chauffe à l'abri de l'air :

$$3FeS^2 = Fe^3S^4 + 2S \nearrow.$$

Enfin on retire du soufre des résidus provenant de la fabrication des soudes du commerce.

59. Propriétés physiques. — Le soufre est jaune citron,
cassant, inodore. Sa masse spécifique est $2^g,07$ (soufre
naturel cristallisé). Il est mauvais conducteur de la chaleur
et de l'électricité ; ainsi un canon de soufre plongé dans
l'eau chaude fait entendre des craquements dus à ce que les
couches extérieures se dilatent et se séparent des parties
intérieures non échauffées ; d'un autre côté, un canon de
soufre frotté avec un morceau de drap s'électrise et attire
les corps légers.

Le soufre est insoluble dans l'eau, il se dissout assez facilement dans la benzine, dans le pétrole. Son dissolvant par

excellence est le sulfure de carbone, qui en dissout beau-coup plus à chaud qu'à froid. En laissant évaporer lentement là dissolution saturée à chaud, on obtient des cristaux de soufre (*fig.* 46).

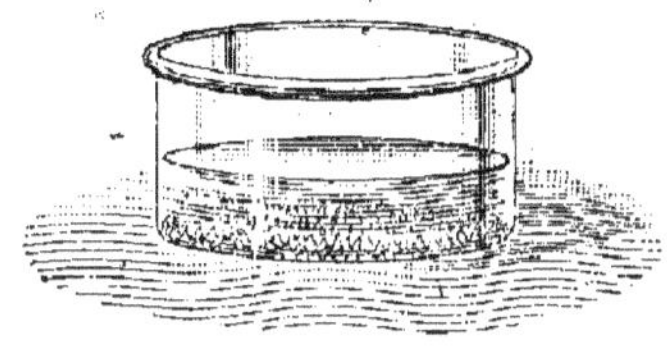

Fig. 46. — Cristallisation du soufre par voie humide.

On peut aussi faire cristalliser le soufre par fusion (34); on obtient alors de longues aiguilles d'un jaune brunâtre.

Action de la chaleur. — Le soufre fond vers 114° en un liquide jaunâtre, très fluide. Cette fluidité diminue à mesure que l'on continue à chauffer, en même temps que le liquide se colore en rouge brun. A 220° on a une masse brune, dont la viscosité est telle que l'on peut retourner le vase qui la contient sans qu'il y ait écoulement. Un peu au delà de 230°, le soufre peut de nouveau couler, mais il conserve sa couleur brune. Enfin à 447°, il entre en ébullition et émet des vapeurs rouges brunes, très lourdes.

En laissant refroidir lentement du soufre chauffé au delà de son point d'ébullition, on observe en sens inverse les mêmes changements de couleur et de fluidité. Si l'on refroidit brusquement, en le versant dans l'eau froide, du soufre qui est encore au moins à 230°, on obtient du soufre mou formé de fils rougeâtres élastiques comme du caoutchouc.

60. Propriétés chimiques. — Le soufre est *combustible*; il s'enflamme vers 250° et brûle avec une flamme bleue en donnant un gaz à odeur suffocante, l'anhydride sulfureux SO^2.

Action sur les métaux. — Le soufre présente au point de

vue chimique une grande analogie avec l'oxygène; c'est

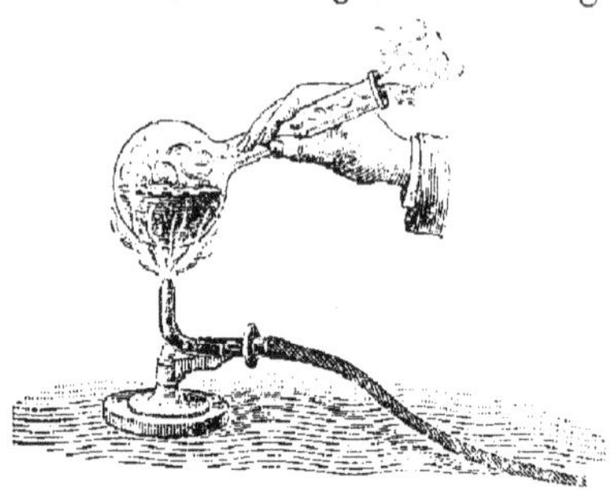

Fig. 47. — Action du soufre sur le cuivre.

ainsi qu'il s'unit à la plupart des *métaux* et donne des sulfures analogues aux oxydes. Si l'on projette de la tournure de cuivre dans du soufre en ébullition (*fig.* 47), elle devient incandescente

et se transforme en sulfure de cuivre noir. Un mélange intime de fleur de soufre et de limaille de fer projeté dans une cuiller en fer portée au rouge, devient incandescent et donne du sulfure de fer. Ce sulfure s'obtient également si l'on introduit le mélange dans un ballon (*fig.* 48) avec un peu d'eau tiède; un jet de vapeur d'eau s'échappe avec force par le tube efilé dont on a muni le ballon (expérience du volcan de Lemery).

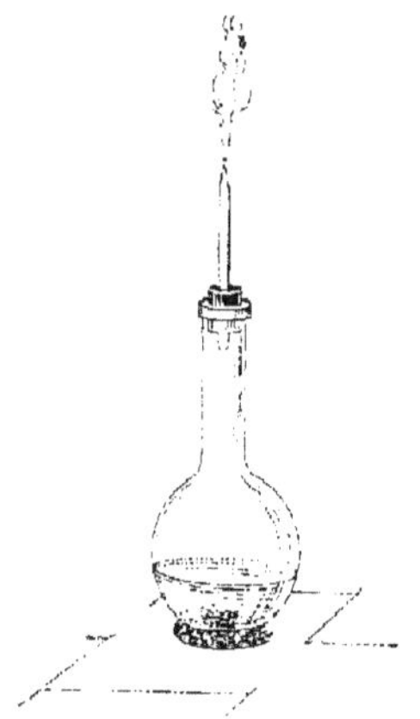

Fig. 48. — Expérience du volcan de Lemery.

Action sur les composés. — A cause de son affinité pour l'oxygène, le soufre décompose un certain nombre de composés oxygénés, comme l'acide azotique, l'acide sulfurique, etc. Si l'on chauffe dans un tube à essais un fragment de soufre avec de l'acide sulfurique concentré, on constate rapidement un dégagement de gaz sulfureux.

64. Usages. — Le *soufre en canons*, qui est le soufre le plus pur, sert à préparer les poudres, l'acide sulfurique pur

le gaz sulfureux, le sulfure de carbone, les hyposulfites, le
caoutchouc factice par cuisson avec des huiles végétales ;
à soufrer les allumettes, à sceller le fer dans la pierre.
Associé au caoutchouc, il lui donne de la dureté (caoutchouc vulcanisé). Si la proportion de soufre atteint
25 %, le caoutchouc est dur comme l'ivoire ; on l'emploie
en électricité comme isolant sous le nom d'*ébonite*.

Le *soufre en fleur* est employé pour combattre l'oïdium
de la vigne ; pour préparer les mèches soufrées que l'on
brûle dans les tonneaux ; pour éteindre les feux de cheminée ;
pour préparer certains sulfures (vermillon, or mussif, etc.)

En médecine, on utilise contre la gale et autres maladies
de la peau des pommades faites avec du soufre.

RÉSUMÉ DU CHAPITRE IX

Le *soufre* se rencontre à l'état natif, mélangé aux terres volcaniques (solfatares), ou en masses compactes, ou encore à l'état de sulfures. En Sicile, on construit des meules (calcaroni) avec du soufre
natif et on y met le feu ; une partie du soufre brûle, fournissant ainsi
la chaleur nécessaire à la fusion de l'autre partie. Près de Naples, on
distille la terre soufrée dans des pots en fonte. Le soufre brut ainsi
obtenu est raffiné par distillation et fournit successivement le soufre en
fleur et le soufre en canons.

Le soufre est jaune, cassant, mauvais conducteur de la chaleur et
de l'électricité. Son meilleur dissolvant est le sulfure de carbone. Il
fond vers 114° en un liquide jaune fluide qui, lorsque la température
s'élève, devient brun et visqueux, puis il redevient fluide, et finalement se réduit en vapeurs à 447°.

Le soufre brûle avec une flamme pâle en donnant du gaz sulfureux.
Il se combine avec la plupart des métaux ; avec le fer, le cuivre, il y
a incandescence.

On emploie le soufre pour fabriquer les poudres, l'acide sulfurique,
le gaz sulfureux, pour soufrer les allumettes. Le soufre en fleur est
surtout employé pour le soufrage des vignes.

CHAPITRE X

ACIDE SULFHYDRIQUE

Formule: H^2S.

62. État naturel. — Le gaz acide sulfhydrique, autrefois nommé *air puant* à cause de son odeur infecte, fait partie des gaz qui se dégagent des volcans. Il existe dans les eaux minérales sulfureuses (eaux de Barèges, d'Enghien), soit à l'état libre, soit à l'état de sulfures alcalins, et leur communique une odeur d'œufs pourris. Il s'en produit toutes les fois que des matières organiques sulfurées entrent en putréfaction: les œufs pourris, la vase des marais, les égouts, les fosses d'aisances, etc., sont des sources d'acide sulfhydrique.

63. Préparation. — *On prépare l'acide sulfhydrique en décomposant le sulfure de fer par l'acide sulfurique étendu.*

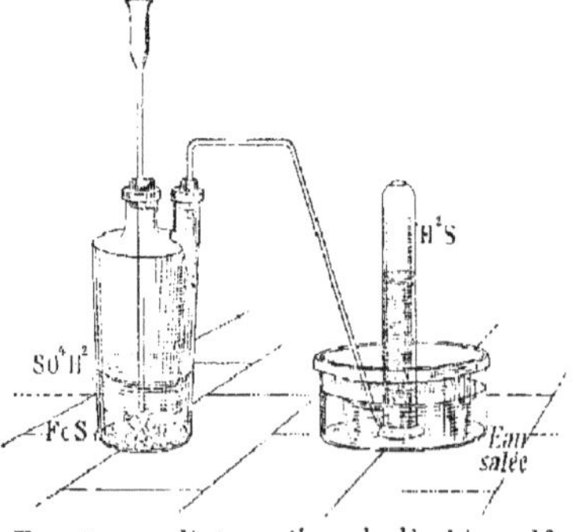

Fig. 49. — Préparation de l'acide sulfhydrique par le sulfure de fer.

Dans un appareil à hydrogène (*fig.* 49), on introduit du sulfure de fer concassé et de l'eau, puis on verse de l'acide sulfurique par le tube à entonnoir. A cause de sa solubilité dans l'eau, on recueille le gaz sur le mercure, ou à défaut, sur l'eau salée.

Le résidu de la préparation est du sulfate de fer, qui se dissout dans l'eau du flacon:

$$FeS + SO^4H^2 = SO^4Fe^2 + H^2S.$$

L'acide sulfhydrique ainsi obtenu est presque toujours mélangé d'hydrogène ; cela tient à ce que le sulfure de fer, préparé par union directe de la limaille de fer et de la fleur de soufre, renferme du fer libre, qui réagit sur l'acide sulfurique.

On peut remplacer l'acide sulfurique par l'acide chlorhydrique ; il se forme du chlorure ferreux $FeCl^2$:

$$FeS + 2HCl = FeCl^2 + H^2S\nearrow.$$

Quand on veut avoir de l'acide sulfhydrique pur, on chauffe doucement du sulfure d'antimoine avec de l'acide chlorhydrique concentré.

64. Propriétés physiques. — L'acide sulfhydrique est un gaz incolore, à odeur fétide rappelant celle des œufs pourris. Sa densité est 1,19. L'eau en dissout 3 fois son volume à la température ordinaire. Si l'on introduit un peu d'eau dans une éprouvette pleine d'acide sulfhydrique, et que l'on agite fortement, l'éprouvette reste adhérente à la main.

Action sur l'organisme. — L'acide sulfhydrique est un poison violent. Une très petite quantité de ce gaz suffit pour infecter une salle et provoquer des accidents. Respiré à faible dose, il produit une sensation de malaise, suivie de vertige. Quand il se dégage brusquement en grande quantité, comme à l'ouverture des fosses d'aisances, il peut causer une mort foudroyante ; les vidangeurs l'appellent *le plomb*, à cause du poids énorme qui semble brusquement comprimer leur poitrine quand ils respirent ce gaz.

On remédie aux accidents causés par l'acide sulfhydrique en faisant respirer au malade du chlore très dilué, ou mieux de l'oxygène pur.

65. Propriétés chimiques. — L'acide sulfhydrique est un *acide faible* colorant le tournesol en rouge vineux.

Il est *combustible* et brûle avec une flamme pâle, en donnant de l'eau et du gaz sulfureux :

$$H^2S + 3O = H^2O + SO^2\nearrow.$$

Si l'on enflamme de l'acide sulfhydrique dans une éprouvette étroite, la combustion est incomplète, car l'air n'arrive pas en quantité suffisante ; il se dépose alors du soufre sur les parois :

$$2H^2S + 4O = 2H^2O + S + SO^2.$$

Action des métalloïdes. — En présence de l'eau, l'*oxygène* décompose l'acide sulfhydrique à la température ordinaire avec dépôt de soufre ; c'est pourquoi la dissolution d'acide sulfhydrique se prépare avec de l'eau privée d'air par l'ébullition et se conserve dans des flacons pleins et bien bouchés.

En présence des corps poreux légèrement chauffés, l'acide sulfhydrique est oxydé plus complètement et transformé en acide sulfurique :

$$H^2S + 4O = SO^4H^2.$$

On explique ainsi la corrosion rapide des rideaux dans les établissements d'eaux thermales sulfureuses (Aix-les-Bains).

Le *chlore* décompose instantanément l'acide sulfhydrique ainsi que sa dissolution :

$$H^2S + 2Cl = 2HCl + S ;$$

de là son emploi comme désinfectant. Versons un peu d'eau de chlore dans une éprouvette pleine de gaz sulfhydrique et agitons ; l'odeur de ce dernier disparaîtra et nous observerons en même temps un dépôt de soufre.

Action des métaux. — La plupart des *métaux* décomposent l'acide sulfhydrique ; ils s'emparent du soufre pour former des sulfures et mettent l'hydrogène en liberté. Une pièce d'argent humide introduite dans du gaz sulfhydrique noircit rapidement. Le cuivre se recouvre d'une mince couche de sulfure de cuivre d'un noir bleuâtre.

Action sur les composés. — A cause de l'hydrogène qu'il contient, l'acide sulfhydrique exerce une action réductrice sur beaucoup de composés, tels que l'acide azotique, l'acide sulfurique, le gaz sulfureux, etc.

Si l'on verse quelques centimètres cubes d'acide azotique fumant dans une éprouvette pleine de gaz sulfhydrique, il se produit un dépôt de soufre accompagné de vapeurs rouges de peroxyde d'azote AzO^2 :

$$2AzO^3H + H^2S = S + 2H^2O + 2AzO^2.$$

L'acide sulfhydrique décompose un certain nombre de sels métalliques en dissolution et donne des sulfures insolubles, dont la couleur dépend de la nature du métal que contiennent ces sulfures. Avec les sels de plomb, il se précipite du sulfure de plomb noir. Cette dernière réaction est fréquemment utilisée pour reconnaître la présence de l'acide sulfhydrique.

66. Usages. — L'acide sulfhydrique est employé pour l'analyse des sels métalliques. On l'utilise quelquefois pour détruire les animaux nuisibles comme les rats, les guêpes, etc.; on peut, pour cet usage, préparer ce gaz en chauffant de la fleur de soufre avec du suif ou de l'huile.

RÉSUMÉ DU CHAPITRE X

L'acide sulfhydrique H^2S se produit principalement dans la putréfaction des matières organiques sulfurées. On le prépare en décomposant, dans un appareil à hydrogène, le sulfure de fer artificiel par l'acide sulfurique étendu; on le recueille sur l'eau salée.

L'acide sulfhydrique est un gaz à odeur d'œufs pourris; l'eau en dissout 3 fois son volume à la température ordinaire. C'est un poison violent. Il a une réaction acide faible. Il brûle avec une flamme bleuâtre, en donnant de l'eau et du gaz sulfureux.

Parmi les métalloïdes, le chlore décompose immédiatement l'acide sulfhydrique; de là son emploi comme désinfectant. La plupart des métaux forment un sulfure et mettent l'hydrogène en liberté.

L'acide sulfhydrique réduit un certain nombre de composés oxygénés, comme l'acide azotique, l'acide sulfurique, etc... Il forme avec quelques dissolutions de sels métalliques des sulfures insolubles (sulfure de plomb noir avec les sels de plomb).

On l'emploie pour l'analyse des sels métalliques, pour détruire les animaux nuisibles.

CHAPITRE XI

COMPOSÉS OXYGÉNÉS DU SOUFRE

67. Principaux composés oxygénés du soufre. — Les principaux composés oxygénés du soufre sont l'*anhydride sulfureux* SO^2, auquel correspond l'*acide sulfureux* SO^3H^2, et l'*acide sulfurique* SO^4H^2, correspondant à l'anhydride sulfurique SO^3.

ANHYDRIDE SULFUREUX

Formule : SO^2.

68. État naturel. — L'anhydride sulfureux, appelé aussi *gaz sulfureux*, est le produit de la combustion du soufre à l'air. Il fait partie des émanations volcaniques. On le rencontre fréquemment dans l'atmosphère des grands centres industriels.

69. Préparation. — *L'anhydride sulfureux se prépare en réduisant partiellement l'acide sulfurique par le mercure ou le cuivre.* Le résidu est du sulfate de mercure ou du sulfate de cuivre, suivant le métal employé :

$$Hg + 2SO^4H^2 = SO^4Hg + 2H^2O + SO^2\nearrow;$$
$$Cu + 2SO^4H^2 = SO^4Cu + 2H^2O + SO^2\nearrow.$$

On introduit du mercure ou du cuivre en lames dans **un**

ballon muni d'un tube de sûreté et d'un tube à dégagement (*fig.* 50). On verse de l'acide sulfurique par le tube de sûreté et on chauffe modérément. Le gaz sulfureux se dessèche dans un flacon laveur contenant de l'acide sulfurique concentré ; comme il est très soluble dans l'eau, on le recueille sur le mercure ou par déplacement d'air dans des flacons très secs.

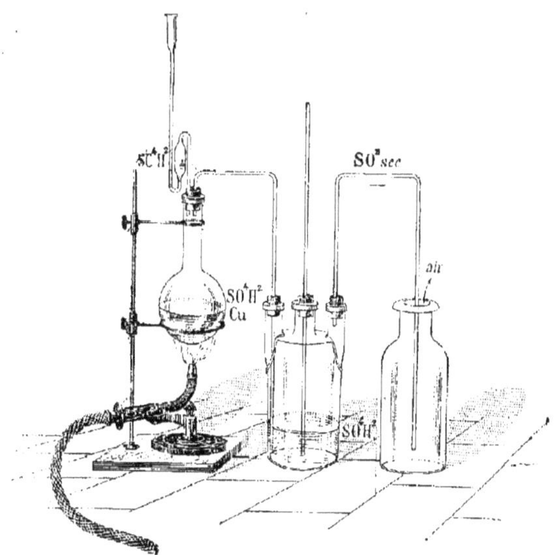

Fig. 5o. — Préparation du gaz sulfureux.

Dans l'*industrie*, le gaz sulfureux est obtenu soit par la combustion du soufre, soit par le grillage des pyrites, soit enfin en réduisant l'acide sulfurique par le soufre. La pyrite de fer FeS^2, chauffée au rouge dans un courant d'air, laisse un résidu d'oxyde ferrique Fe^2O^3 :

$$2FeS^2 + 11\,O = Fe^2O^3 + 4SO^2.$$

70. Propriétés physiques. — Le gaz sulfureux a une odeur suffocante. Sa densité est égale à 2,24. L'eau en dissout environ 50 fois son volume à la température ordinaire.

L'anhydride sulfureux peut être facilement amené à l'état liquide. On fait arriver le gaz pur et sec au fond d'un matras entouré d'un mélange de glace et de sel (*fig.* 51); ce mélange refroidit le gaz à — 15° et amène sa liqué-faction. L'évaporation rapide de l'anhydride sulfureux liquide peut abaisser la température à — 60°, ce qui permet de congeler le mercure.

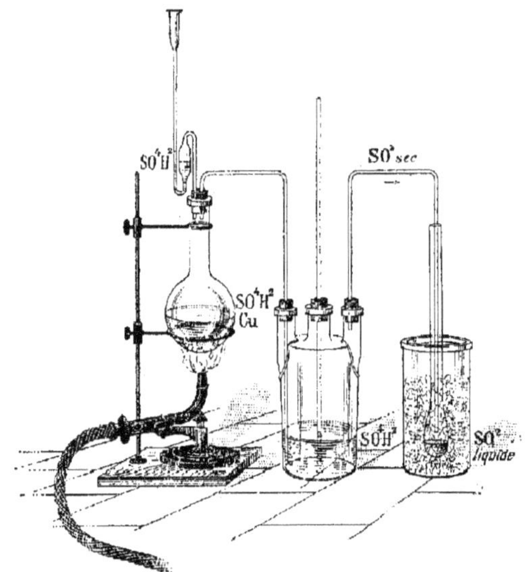

Fig. 51. — Liquéfaction du gaz sulfureux.

Action sur l'organisme. — Introduit dans les voies respi-ratoires, le gaz sulfureux provoque une toux opiniâtre accom--pagnée d'une oppression pénible; aussi est-il prudent de ne faire que de courtes inspirations quand on se trouve auprès des appareils qui le produisent.

71. Propriétés chimiques. — Le gaz sulfureux n'est pas combustible et il éteint les corps en combustion.

L'*oxygène*, en présence de l'eau, réagit lentement sur le gaz sulfureux à la température ordinaire et le transforme en acide sulfurique :

$$SO^2 + H^2O + O = SO^4H^2.$$

C'est pour cela que la dissolution de gaz sulfureux doit être faite avec de l'eau bouillie, et conservée dans des flacons bien bouchés.

Action sur les composés. — Cette tendance du gaz sulfureux à s'emparer de l'oxygène en présence de l'eau en fait un réducteur énergique : si l'on verse quelques gouttes d'*acide azotique fumant* dans une éprouvette pleine de gaz sulfureux, il y a production de vapeurs rouges de peroxyde d'azote AzO^2 :

$$2AzO^3H + SO^2 = SO^4H^2 + 2AzO^2.$$

La dissolution rouge de *permanganate de potassium* MnO^4K est décolorée par le gaz sulfureux ; il se forme des sulfates de potassium et de manganèse, incolores.

Enfin un grand nombre de matières colorantes sont décolorées par le gaz sulfureux, mais le plus souvent sans être détruites. C'est ainsi que des violettes deviennent blanches dans une dissolution de gaz sulfureux, mais verdissent ensuite si on les lave à l'eau ammoniacale, ou se colorent en rose si on les traite par l'acide sulfurique étendu.

72. Usages. — Le gaz sulfureux est employé pour préparer l'acide sulfurique, pour blanchir la laine, la soie, enlever les taches de vin sur les étoffes, etc. C'est un antiseptique puissant utilisé pour désinfecter les objets de literie, assainir les hôpitaux, détruire les germes de fermentation dans les tonneaux, faire des fumigations contre les parasites de la peau.

L'anhydride sulfureux liquide sert pour la fabrication de la glace.

ACIDE SULFURIQUE

Formule : SO^4H^2.

73. État naturel. — L'acide sulfurique, connu autrefois

sous le nom d'*huile de vitriol*, se rencontre en petite quantité dans certaines eaux volcaniques et dans les eaux de pluie des grands centres industriels. Il est très répandu à l'état de sulfates, principalement de sulfate de calcium (gypse ou pierre à plâtre).

74. Préparation. — La préparation de l'acide sulfurique est fondée sur l'oxydation du gaz sulfureux en présence de l'eau :

$$SO^2 + O + H^2O = SO^4H^2$$

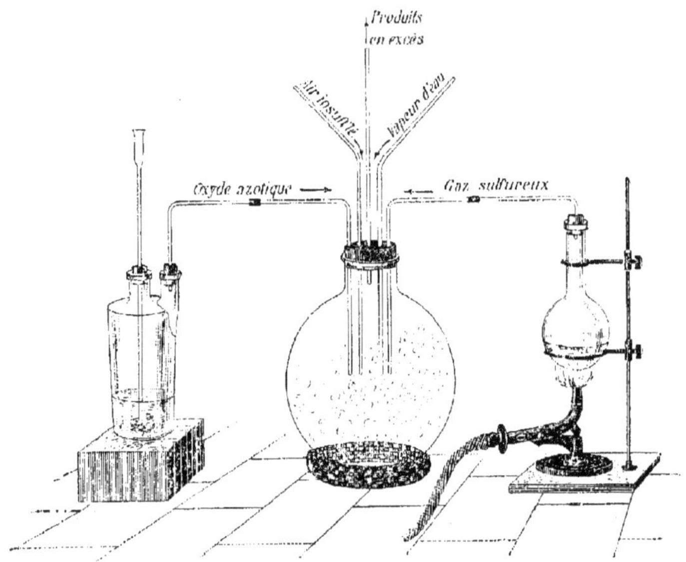

Fig. 52. — Production d'acide sulfurique dans les laboratoires.

L'oxygène nécessaire, bien qu'emprunté à l'air, n'est fixé sur le gaz sulfureux que par l'intermédiaire de composés oxygénés de l'azote.

On peut obtenir une petite quantité d'acide sulfurique de la manière suivante : dans un grand ballon dont le fond contient un peu d'eau, on fait arriver un courant d'oxyde azotique AzO (*fig.* 52) ; ce gaz, au contact de l'air du ballon, se transforme en vapeurs rouges de composés de l'azote plus riches en oxygène. On envoie alors un courant de gaz sulfureux dans le ballon, en même temps que l'on y insuffle de l'air ; l'atmosphère du ballon se décolore et ses parois se tapissent peu à peu de grands cristaux qui portent le nom de *cristaux des chambres de plomb* $SO^4H.AzO$:

$$2SO^2 + 3O + 2AzO + H^2O = 2(SO^4H.AzO).$$

Par une introduction de vapeur d'eau, ces cristaux disparaissent en donnant de l'acide sulfurique et dégageant des vapeurs rouges :

$$2(SO^4H . AzO) + H^2O = 2SO^4H^2 + Az^2O^3 \nearrow.$$

On peut alors constater la présence de l'acide sulfurique dans l'eau du ballon en y versant un peu de chlorure de baryum ; il se forme un précipité blanc de sulfate de baryum.

Ces deux réactions successives : formation des cristaux des chambres de plomb, et leur transformation en acide sulfurique, peuvent être reproduites indéfiniment en suivant la même marche.

Dans l'*industrie*, le gaz sulfureux s'obtient par le grillage des pyrites. Les réactions précédentes s'effectuent dans de vastes chambres. dites *chambres de plomb*, où se trouvent réunis le gaz sulfureux, l'air, la vapeur d'eau et les vapeurs nitreuses (*fig.* 53).

Avant de pénétrer dans les chambres de plomb, les gaz provenant des fours à pyrite (préalablement mélangés à des vapeurs nitreuses) traversent de bas en haut une grande tour appelée *tour de Glover*. A la partie supérieure de cette tour sont deux cuves renfermant l'une de l'acide sulfurique que l'on a retiré des chambres de plomb et qui marque 52° à l'aréomètre de Baumé, l'autre de l'acide sulfurique nitreux (dont nous verrons plus loin la provenance). Les gaz, qui étaient à plus de 300° au bas de la tour, en sortent à une température d'environ 70° ; de plus, pendant le trajet, ils ont absorbé les produits nitreux de l'acide sulfurique nitreux et ils ont concentré jusqu'à 60° Baumé l'acide qui était à 52°.

L'acide qui se forme dans les chambres de plomb marque 50 à 52° à l'aréomètre de Baumé.

A la sortie des chambres on place une deuxième tour, appelée *condenseur de Gay-Lussac.* **A** la partie supérieure tombe une pluie fine d'acide sulfurique concentré à 62° Baumé ; les gaz sortant des chambres de plomb abandonnent leurs vapeurs nitreuses à l'acide sulfurique qui circule en sens inverse et s'échappent par la cheminée d'appel complètement décolorés. Quant à l'acide qui a dissous ainsi les produits nitreux, il est recueilli au bas du condenseur, d'où il est envoyé à la partie supérieure de la tour de Glover.

L'acide sulfurique, tel qu'il sort des chambres de plomb, a peu d'applications. Nous avons vu que la tour de Glover l'amène à 60 ou 62° Baumé ; néanmoins, pour certains usages, on a besoin d'acide pur marquant 66°. On obtient ce dernier en concentrant directement l'acide des chambres.

Cette concentration s'effectue jusqu'à 60° dans des bassines en plomb à large surface. A partir de 60° l'acide attaque le plomb. On termine la concentration dans des alambics en platine de forme basse, ou bien dans de grandes cornues en verre.

75. Propriétés physiques. — L'acide sulfurique est un liquide incolore, ayant la consistance de l'huile ; il a une saveur très acide. L'acide le plus concentré que l'on rencontre dans le commerce marque 66° à l'aréomètre de Baumé ; sa masse spécifique est 1^g,85 ; il bout à 338°.

Action sur l'organisme. — L'acide sulfurique est un caustique violent produisant sur les parties délicates de la peau des brûlures profondes ; aussi faut-il le manier avec précaution et éviter d'approcher le visage des vases dans lesquels on chauffe cet acide. C'est un poison violent, corrodant fortement les muqueuses de l'intérieur, et amenant rapidement la mort.

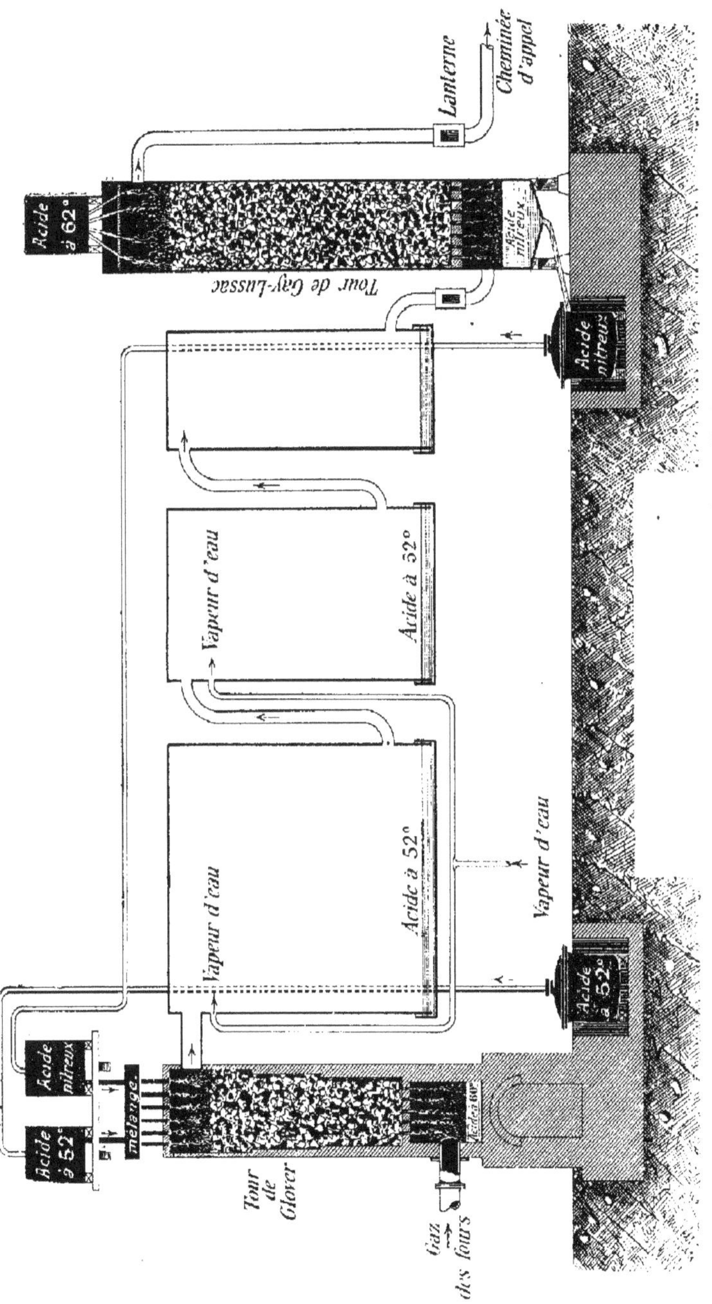

Fig. 53. — Fabrication industrielle de l'acide sulfurique.

76. Propriétés chimiques. — L'acide sulfurique est un acide *très énergique* ; même très étendu, il donne au tournesol une coloration rouge pelure d'oignon.

La *chaleur* le décompose au rouge vif en gaz sulfureux, oxygène et vapeur d'eau :

$$SO^4H^2 = SO^2 \nearrow + O \nearrow + H^2O \nearrow$$

Action des métalloïdes. — Les métalloïdes avides d'oxygène, comme l'*hydrogène*, le *carbone*, le *soufre*, décomposent l'acide sulfurique à une température plus ou moins élevée, en s'emparant de tout ou partie de son oxygène :

$$C + 2SO^4H^2 = CO^2 \nearrow + 2H^2O + 2SO^2 \nearrow.$$

Action des métaux. — L'acide sulfurique attaque tous les métaux, sauf l'or et le platine. Le gaz sulfureux se prépare en chauffant du *cuivre*, du *mercure* avec cet acide concentré. Le *zinc* et le *fer* décomposent à froid l'acide étendu en dégageant de l'hydrogène. Enfin, le *plomb* ne se dissout que faiblement dans l'acide sulfurique à la température ordinaire ; mais à chaud, l'attaque est d'autant plus rapide que l'acide est plus concentré.

Action sur l'eau. — L'acide sulfurique est très avide d'eau ; exposé à l'air, il en absorbe rapidement l'humidité et augmente de volume. Mélangé directement à l'eau, il forme des hydrates en produisant une élévation de température considérable. Pour mettre ce dégagement de chaleur en évidence, on plonge dans l'eau un tube contenant de l'éther, et l'on verse peu à peu de l'acide sulfurique dans l'eau en agitant constamment ; l'éther entre bientôt en ébullition et ses vapeurs peuvent être enflammées à l'extrémité du tube.

Quand on prépare de l'acide sulfurique étendu, c'est *toujours* l'acide que l'on verse dans l'eau et encore le verse-t-on goutte à goutte et en agitant constamment; si l'on faisait l'inverse, chaque goutte d'eau tombant dans l'acide concentré se vaporiserait aussitôt et pourrait provoquer des projections d'acide.

La plupart des *matières organiques*, au contact de l'acide sulfurique concentré, perdent leur eau de constitution et sont carbonisées. Un morceau de sucre devient jaune brun, puis noir; des caractères tracés avec l'acide sulfurique sur du bois blanc deviennent rapidement noirs.

Fonction chimique. — L'acide sulfurique est *bibasique*; un métal monovalent pourra former deux sulfates : sulfate acide de potassium SO^4KH, sulfate neutre SO^4K^2. Un métal divalent ne donnera qu'un sulfate : sulfate de zinc SO^4Zn. La formation des sulfates dégage beaucoup de chaleur : si l'on verse par exemple quelques gouttes de cet acide concentré sur de la baryte anhydre, elle devient incandescente et il se produit des fumées abondantes, dues à l'acide volatilisé.

77. Usages. — L'acide sulfurique est l'acide le plus employé en chimie et dans l'industrie.

Il sert à préparer les acides azotique, chlorhydrique, sulfhydrique, l'hydrogène, le brome, l'iode, les soudes du commerce, les superphosphates, les aluns, le sulfate de sodium, l'éther ordinaire, le glucose, les bougies etc. ; il est employé pour épurer les huiles, pour le chargement des accumulateurs, le traitement des betteraves par macération. On l'emploie aussi dans les laboratoires pour dessécher les gaz; on l'utilise enfin dans la plupart des piles.

78. Anhydride sulfurique SO^3. — L'anhydride sulfurique est un solide blanc, cristallisé en longues aiguilles soyeuses. Il est très avide d'eau et répand à l'air d'épaisses fumées ; aussi le conserve-t-on dans des tubes scellés à la lampe.

Dissous dans l'acide sulfurique, l'anhydride sulfurique forme l'acide *disulfurique* $S^2O^7H^2$ ou acide fumant, liquide sirupeux, très employé pour dissoudre l'indigo.

RÉSUMÉ DU CHAPITRE XI

L'anhydride sulfureux ou gaz sulfureux SO^2 est le produit de la combustion du soufre à l'air. On le prépare en réduisant partiellement l'acide sulfurique à chaud par le cuivre ou par le mercure ; le gaz est recueilli à sec ou sur le mercure.

L'anhydride sulfureux a une odeur suffocante ; il est très soluble dans l'eau. On le liquéfie en le faisant arriver dans un matras entouré d'un mélange de glace et de sel ; c'est alors un liquide dont l'évaporation produit un grand froid (congélation du mercure).

Le gaz sulfureux n'est pas combustible et n'entretient pas la combustion. L'oxygène, en présence de l'eau, le transforme en acide sulfurique ; aussi le gaz sulfureux réduit-il un grand nombre de composés oxygénés : acide azotique, permanganate de potassium, etc. Beaucoup de matières colorantes végétales sont décolorées par le gaz sulfureux.

L'anhydride sulfureux est employé pour préparer l'acide sulfurique, pour blanchir la laine, la soie, etc., et comme antiseptique. L'anhydride liquide sert à fabriquer de la glace.

L'acide sulfurique SO^4H^2 est très répandu à l'état de sulfates, principalement de sulfate de calcium. On le prépare par oxydation du gaz sulfureux en présence de l'eau et des composés oxygénés de l'azote ; ces derniers ne servent que d'intermédiaires ; ils prennent l'oxygène de l'air pour le fixer sur le gaz sulfureux. Dans les laboratoires on obtient une petite quantité d'acide sulfurique en faisant arriver à la fois dans un grand ballon du gaz oxyde azotique, du gaz sulfureux, de l'air et de la vapeur d'eau ; il se forme d'abord des cristaux des chambres de plomb qui, au contact de l'eau, se décomposent et donnent de l'acide sulfurique.

L'acide le plus concentré que l'on rencontre dans le commerce marque 66° Baumé ; il est incolore, oléagineux, très caustique. C'est un acide très énergique. Beaucoup de métaux et de métalloïdes le décomposent ; les uns réagissent sur l'acide étendu et froid en dégageant de l'hydrogène (zinc, fer), les autres réduisent l'acide concentré à chaud en donnant du gaz sulfureux (mercure, cuivre, soufre, carbone).

L'acide sulfurique est très avide d'eau ; mélangé à ce liquide, il dégage une grande quantité de chaleur. Exposé à l'air, il en absorbe la vapeur d'eau.

On l'emploie dans presque toutes les industries chimiques, à cause de son énergie, de sa stabilité et de son bas prix. On peut citer particulièrement la fabrication des soudes, des superphosphates, des sulfates ; la préparation de la plupart des acides et d'une foule de gaz.

CHAPITRE XII

AMMONIAQUE

Formule : AzH^3.

79. État naturel. — Ce composé gazeux de l'azote et de l'hydrogène se produit dans la putréfaction ou la décomposition par la chaleur des matières organiques renfermant de l'azote : les eaux vannes, les urines putréfiées dégagent de l'ammoniaque quand on les distille avec de la chaux. On trouve une petite quantité d'ammoniaque dans l'air à l'état de carbonate et d'azotate.

En général, on appelle *gaz ammoniac* le gaz lui-même, et on réserve le nom *d'ammoniaque* à sa dissolution dans l'eau.

80. Préparation. — *On prépare le gaz ammoniac en décomposant le sel ammoniac ou chlorure d'ammonium par la chaux :*

$$2AzH^4Cl + CaO = CaCl^2 + H^2O + 2AzH^3.$$

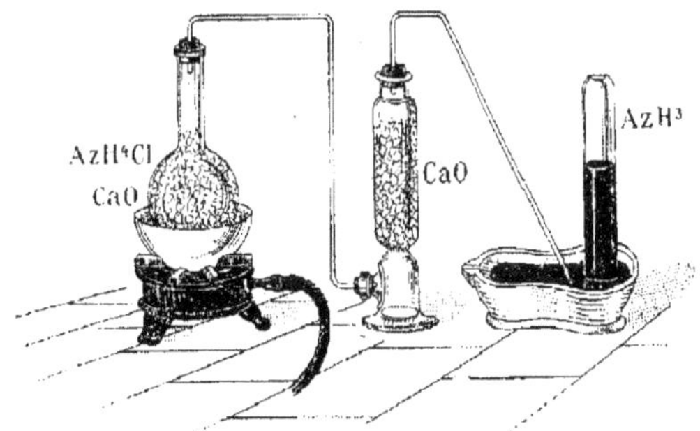

Fig. 54. — Préparation du gaz ammoniac.

On broie rapidement dans un mortier de la chaux vive

avec du chlorure d'ammonium pulvérisé, puis on introduit
ce mélange dans un ballon que l'on achève de remplir jusqu'au col avec des fragments de chaux vive (*fig.* 54). La
réaction commence à froid ; on l'active en chauffant au bain
de sable. Le gaz ammoniac traverse une éprouvette contenant de la chaux vive, qui achève de le dessécher ; à cause
de sa grande solubilité dans l'eau, on le recueille sur le
mercure ou par déplacement dans des flacons très secs.

On obtient plus rapidement du gaz ammoniac en chauffant doucement l'ammoniaque du commerce dans un petit
ballon.

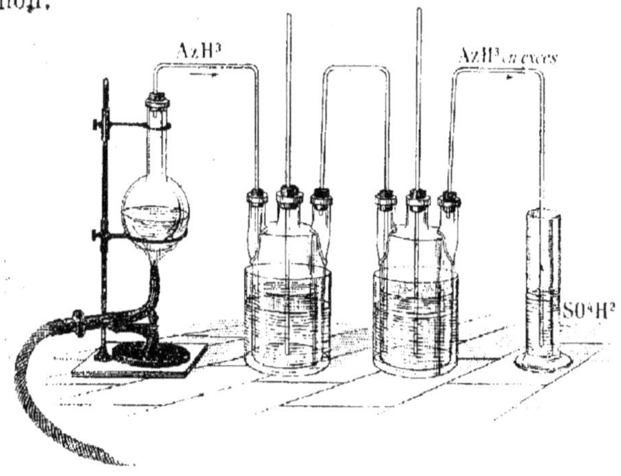

Fig. 55. — Préparation de la dissolution ammoniacale pure.

L'ammoniaque du commerce, appelée quelquefois *alcali
volatil*, s'obtient en recevant dans l'eau le gaz ammoniac provenant de la distillation des urines putréfiées, des eaux d'épuration des usines à gaz, etc., avec de la chaux éteinte. Quand
on prépare la dissolution ammoniacale dans les laboratoires,
les tubes à dégagement doivent plonger jusqu'au fond des
flacons, car la dissolution est plus légère que l'eau. L'appareil
est terminé par une éprouvette contenant de l'acide sulfurique
destiné à absorber le gaz en excès (*fig.* 55).

81. Propriétés physiques. — Le gaz ammoniac a une odeur vive et pénétrante ; sa densité n'est que de 0,59.

L'eau dissout plus de 1 000 fois son volume de gaz ammoniac à la température ordinaire. Cette extrême solubilité peut être mise en évidence, comme pour l'acide chlorhydrique (52) en faisant l'expérience du jet d'eau (*fig.* 56) : l'eau colorée en rouge par du tournesol bleuit en pénétrant

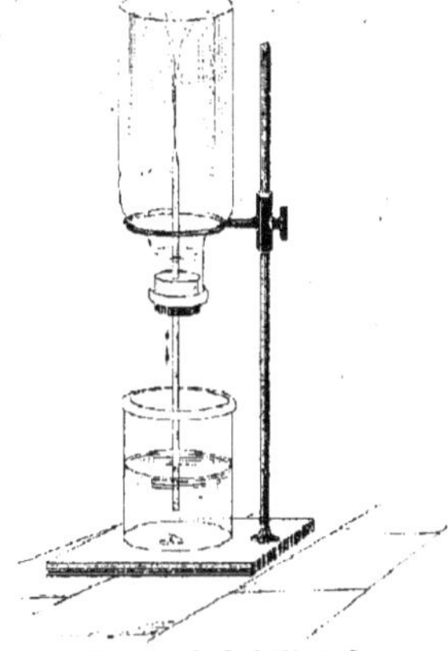

Fig. 56. — Solubilité du gaz ammoniac.

dans le flacon parce que l'ammoniaque est une base énergique.

Action sur l'organisme. — Le gaz ammoniac provoque les larmes. Appliquée sur la peau, l'ammoniaque produit une sensation de cuisson. Introduite à l'intérieur à très petite dose, elle stimule le système nerveux ; à dose plus forte, c'est un poison irritant énergique.

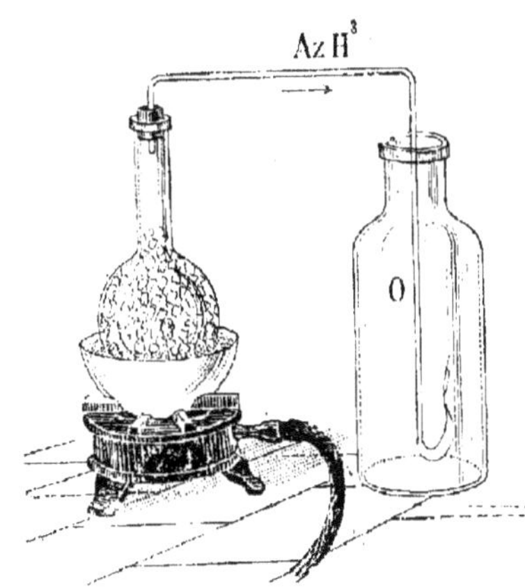

Fig. 57. — Combustion du gaz ammoniac dans l'oxygène.

82. Propriétés chimiques. — Le gaz ammoniac ne brûle pas à l'air, mais un jet de ce gaz, arrivant dans un flacon plein d'*oxygène* (*fig.* 57), peut être enflammé et brûle avec une flamme jaunâtre :

$$2AzH^3 + 3O = 3H^2O + 2Az.$$

Le *chlore* décompose instantanément le gaz ammoniac ; il y a production de fumées blanches de chlorure d'ammonium (45).

Action sur les composés. — L'ammoniaque est une base puissante. Elle bleuit la teinture de tournesol rougie par un acide, brunit la teinture de curcuma et verdit le sirop de violettes.

L'*acide chlorhydrique* se combine au gaz ammoniac à volumes égaux. Il se forme des fumées blanches, épaisses, de chlorure

Fig. 58. — Formation de chlorure d'ammonium.

d'ammonium AzH^3HCl ou AzH^4Cl (*fig.* 58). Les *acides oxygénés* fixent directement le gaz ammoniac en donnant naissance à des sels : azotate d'ammonium $AzO^3H.AzH^3$, ou $AzO^3.AzH^4$; sulfate d'ammonium $SO^4H^2.2AzH^3$, ou $SO^4(AzH^4)^2$, etc.

Tous ces sels, appelés *sels ammoniacaux*, sont en tout comparables aux sels correspondants de potassium et de sodium ; aussi admet-on que le groupement AzH^4, appelé *ammonium*, joue dans les sels ammoniacaux le même rôle que le potassium ou le sodium dans les sels alcalins, ce qui donne à ces deux espèces de sels des formules parallèles :

AzH^4Cl, KCl ; $AzO^3.AzH^4$, AzO^3K ; $SO^4(AzH^4)^2$, SO^4K^2 ; etc.

L'ammoniaque agit sur les dissolutions de sels métalliques : elle en précipite les hydrates métalliques insolubles dans l'eau. Dans une dissolution d'*azotate de plomb*, par exemple, il se précipite de l'hydrate PbO²H², blanc, insoluble dans un excès d'ammoniaque ; dans une dissolution de *sulfate de cuivre*, il se précipite de l'hydrate cuivrique CuO²H², bleu verdâtre, qui se redissout dans un excès d'ammoniaque en donnant une liqueur d'un bleu intense (eau céleste).

83. Usages. — L'ammoniaque est un réactif très employé dans les laboratoires. Dans l'industrie, elle sert à préparer les sels ammoniacaux, les soudes dites *à l'ammoniaque*; à dégraisser les laines, laver les flanelles et les lainages blancs. Elle sert aussi, en médecine, à cautériser les morsures de vipères, les piqûres de guêpes, etc. On utilise le froid produit par l'évaporation du gaz ammoniac liquéfié pour obtenir de la glace.

84. Chlorure d'ammonium. — Le chlorure d'ammonium, appelé aussi *sel ammoniac*, se prépare en recevant dans l'acide chlorhydrique les vapeurs ammoniacales dégagées par la distillation des eaux d'épuration du gaz d'éclairage avec de la chaux. Le sel ammoniac brut obtenu après évaporation est torréfié légèrement pour détruire les matières organiques qui lui donnent une coloration brune,

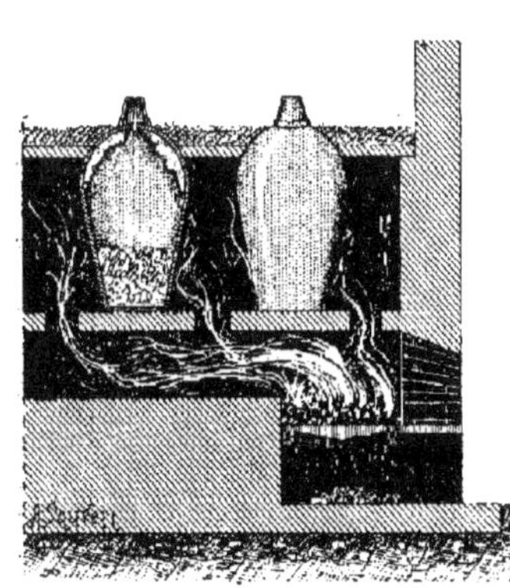

Fig. 59. — Sublimation du sel ammoniac

puis *sublimé* dans des pots en grès dont l'ouverture est recouverte d'un pot de terre renversé (*fig.* 59).

Le chlorure d'ammonium sublimé est en masses fibreuses,

difficiles à pulvériser, solubles dans l'eau. Chauffé avec les oxydes métalliques, il les décompose en formant un chlorure généralement volatil ; de là son emploi pour décaper les métaux. Il sert aussi pour préparer l'ammoniaque pure, le carbonate d'ammonium et certaines matières colorantes. On en met dans les éléments de pile Leclanché.

RÉSUMÉ DU CHAPITRE XII

L'ammoniaque se produit principalement dans la putréfaction et dans la décomposition par la chaleur des matières organiques azotées.

On prépare le gaz ammoniac en chauffant soit un mélange de chlorure d'ammonium et de chaux vive, soit la dissolution ammoniacale du commerce. Le gaz est recueilli sur le mercure ou à sec.

Le gaz ammoniac a une odeur très vive ; il est extrêmement soluble dans l'eau. Un jet de ce gaz peut être enflammé dans de l'oxygène et brûle en donnant de l'eau et de l'azote. Dans le chlore, l'inflammation est spontanée.

L'ammoniaque est une base puissante, qui s'unit par simple addition aux acides pour former les sels ammoniacaux. Elle précipite les oxydes insolubles des dissolutions de sels métalliques.

On emploie l'ammoniaque en médecine, et dans les laboratoires comme réactif. Dans l'industrie, elle sert surtout à fabriquer les soudes et les sels ammoniacaux.

Le chlorure d'ammonium résulte de l'action directe de l'acide chlorhydrique sur l'ammoniaque. Il sert à décaper les métaux.

CHAPITRE XIII

ACIDE AZOTIQUE. AZOTATES

85. Composés oxygénés de l'azote. — Les principaux composés oxygénés de l'azote sont : *l'oxyde azoteux* Az^2O, *l'oxyde azotique* AzO, et *l'acide azotique* AzO^3H correspondant à l'anhydride azotique Az^2O^5.

L'oxygène et l'azote forment six composés. A trois de ces
composés correspondent des acides :

Oxyde azoteux.   . . . Az^2O. — Acide hypoazoteux . . $AzOH$.
Oxyde azotique. . . . AzO.
Anhydride azoteux. . . Az^2O^3. — Acide azoteux.   . AzO^2H
Peroxyde d'azote.   . , AzO^2.
Anhydrique azotique. . Az^2O^5. — Acide azotique. . . AzO^3H.
Anhydride perazotique. . AzO^3.

L'*oxyde azoteux* se prépare en décomposant l'azotate d'ammonium par la chaleur. C'est un gaz qui entretient les combustions vives à peu près comme l'oxygène et qui est employé
comme anesthésique.

L'*oxyde azotique* s'obtient en réduisant l'acide azotique
étendu par le cuivre dans un appareil à hydrogène. La propriété caractéristique de ce gaz est de se transformer, au contact de l'oxygène et de l'air, en vapeurs rouges de peroxyde
d'azote AzO^2.

ACIDE AZOTIQUE

Formule : AzO^3H.

86. État naturel. — L'acide azotique ou *acide nitrique*
est très répandu à l'état d'*azotates* : on trouve de l'azotate
de calcium sur les murs des caves et des lieux humides, de
l'azotate de sodium en bancs épais au Pérou, de l'azotate de
potassium ou salpêtre à la surface du sol dans les pays
chauds.

87. Préparation. — *On prépare l'acide azotique en
décomposant l'azotate de potassium par l'acide sulfurique
concentré.* Le résidu est du sulfate acide de potassium :

$$AzO^3K + SO^4H^2 = SO^4KH + AzO^3H.$$

Le mélange est chauffé doucement dans une cornue dont
le col s'engage librement dans un ballon refroidi (*fig.* 60).
L'acide azotique distille et se condense dans ce ballon.

Au début de l'opération, l'azotate fond et il se dégage des vapeurs rutilantes : elles proviennent de la décomposition des premières portions d'acide azotique par l'acide sulfurique, qui

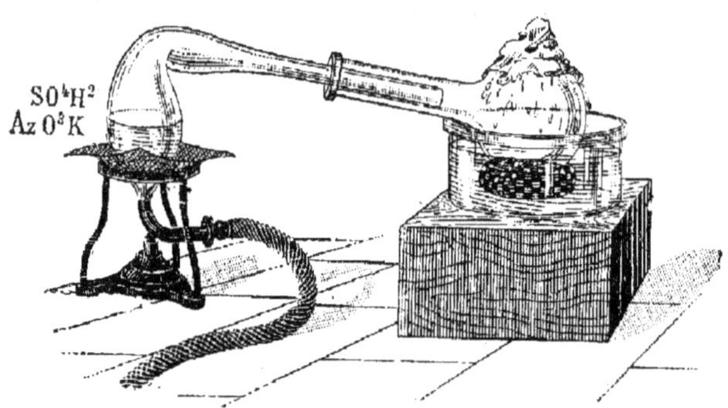

Fig. 60. — Préparation de l'acide azotique.

leur enlève les éléments de l'eau L'atmosphère de la cornue devient peu à peu incolore, et l'acide distille régulièrement en entrainant un peu de peroxyde d'azote, qui le colore en jaune. Les vapeurs rouges réapparaissent à la fin : la décom-

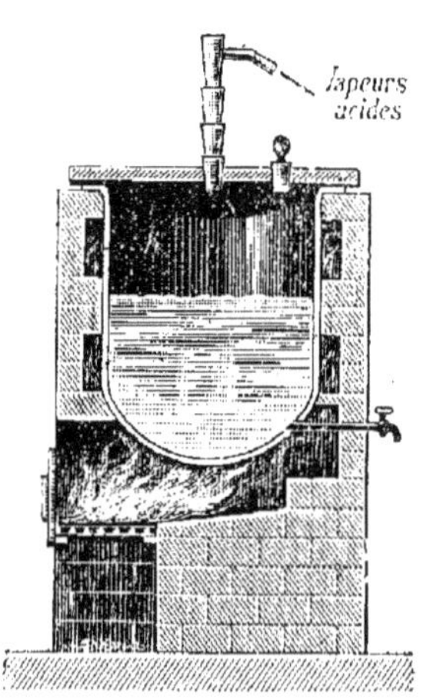

Fig. 61. — Chaudière pour la préparation de l'acide azotique.

position de l'acide azotique est due cette fois à la température élevée qui règne dans l'appareil.

Dans l'industrie, on emploie toujours l'azotate de sodium, qui coûte moins cher que l'azotate de potassium et fournit, à poids égal, une proportion plus forte d'acide azotique. L'acide sulfurique est généralement employé tel qu'il sort de la tour de Glover (74).

La réaction s'effectue dans des chaudières en fonte (*fig.* 61). munies d'un couvercle en grès percé de deux ouvertures dont l'une, fermée par un bouchon. sert à introduire l'acide sulfurique, tandis que l'autre porte un tube de grès par lequel se dégagent les vapeurs d'acide azotique. Ces vapeurs parcourent une série de bonbonnes étagées et finalement traversent une tour remplie de coke. Un mince filet d'eau parcourt la tour en sens inverse, se rend dans la bonbonne supérieure, puis de là, à l'aide de siphons, se déverse successivement dans les autres bonbonnes, où l'eau s'enrichit de plus en plus en acide azotique.

88. Propriétés physiques. — L'acide azotique *pur* est un liquide incolore, fumant à l'air. Sa masse spécifique est $1^g,52$. Il bout à 80°. La chaleur et la lumière le décomposent partiellement en produisant des vapeurs rouges de peroxyde d'azote AzO^2 (vapeurs rutilantes).

L'acide azotique *fumant* est de l'acide pur coloré par des vapeurs de peroxyde d'azote.

L'acide azotique *ordinaire* renferme 30 pour 100 d'eau et a pour masse spécifique $1^g,42$. Il bout à 123° sans subir de décomposition.

Action sur l'organisme. — L'acide azotique produit sur la peau des taches jaunes occasionnant des brûlures graves si l'acide est concentré. A l'intérieur, il corrode les muqueuses et amène rapidement la mort.

89. Propriétés chimiques. — La principale propriété de l'acide azotique est d'être un *oxydant énergique*, c'est-à-dire de céder facilement de l'oxygène aux corps qui en sont avides.

L'hydrogène passant avec des vapeurs d'acide azotique dans un tube chauffé au rouge donne de l'eau et de l'azote :

$$AzO^3H + 5H = 3H^2O + Az^{-7}.$$

Action sur les métalloïdes. — Presque tous les métalloïdes sont oxydés par l'acide azotique. Un fragment de *phosphore*, introduit dans de l'acide fumant (*fig.* 62),

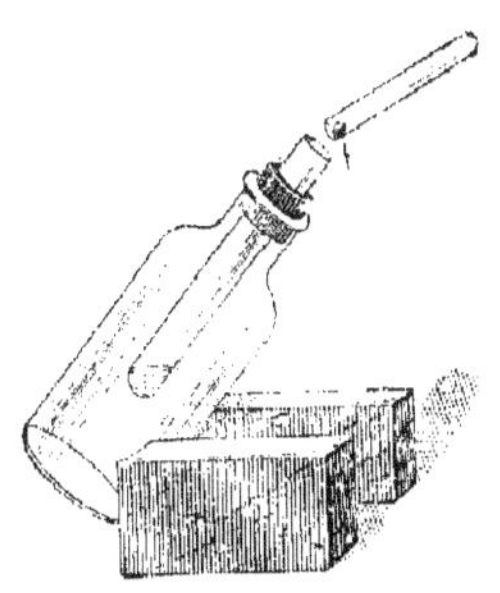

Fig. 62. — Action de l'acide azotique sur le phosphore.

s'enflamme puis est violemment projeté. Si l'on verse de
l'acide fumant sur du *noir de fumée* légèrement chauffé, il
se produit des étincelles accompagnées de torrents de vapeurs rutilantes.

Action sur les métaux. — L'acide azotique oxyde tous les
métaux, sauf l'or et le platine, mais l'action varie avec la
concentration de l'acide. L'acide concentré n'attaque que
les métaux très oxydables comme le *potassium*, le *sodium*;
la réaction est très vive et il se dégage de l'azote. La plupart des métaux usuels, avec l'acide étendu, donnent un
azotate et il se dégage de l'oxyde azotique AzO qui, au
contact de l'air, se transforme en vapeurs rouges de peroxyde d'azote AzO^2 :

$$3Cu + 8AzO^3H = 3(AzO^3)^2Cu + 2AzO + 4H^2O.$$

Le *fer* qui a été plongé dans de l'acide concentré n'est plus
attaqué par l'acide ordinaire, car il est entouré d'une couche
gazeuse d'oxyde azotique qui le préserve du contact de l'acide;
on dit que le fer est devenu passif. Il suffit d'ailleurs de le
toucher avec un fil de fer pour faire cesser cette passivité.

Enfin l'*étain* est le seul métal qui ne donne pas d'azotate.
Un morceau de papier d'étain introduit dans de l'acide fumant
n'est pas attaqué ; mais si l'on ajoute de l'eau, une vive réaction se manifeste et l'on obtient une poudre blanche, qui est
un oxyde acide.

Action sur les matières organiques. — L'acide azotique
oxyde la plupart des matières organiques.

Si l'on projette de l'acide fumant sur un papier imprégné
d'essence de térébenthine, il y a inflammation et dégagement de torrents de vapeurs nitreuses. De même, le crin
brûle avec une vive lumière dans la vapeur d'acide fumant
(*fig.* 63).

L'acide azotique décolore l'indigo. Il colore en jaune la
peau, la laine, la soie, et les brûle si son action est prolongée.

D'autres matières organiques sont seulement transformées.
Ainsi la benzine se transforme en nitrobenzine :

$$C^6H^6 + AzO^3H = C^6H^5.AzO^2 + H^2O.$$

De même la glycérine est transformée en nitroglycérine, le phénol ou acide phénique en acide picrique, le coton ordinaire en coton-poudre, etc.

Fonction chimique. — L'acide azotique est un acide énergique, rougissant fortement le tournesol.

Il est *monobasique*, ne donnant avec chaque métal qu'un seul azotate. Ex.: azotate de potassium AzO^3K, azotate de calcium $(AzO^3)^2Ca$, etc.

90. Usages. — *L'acide ordinaire* est employé pour préparer les azotates, la dextrine, l'acide oxalique, etc., pour

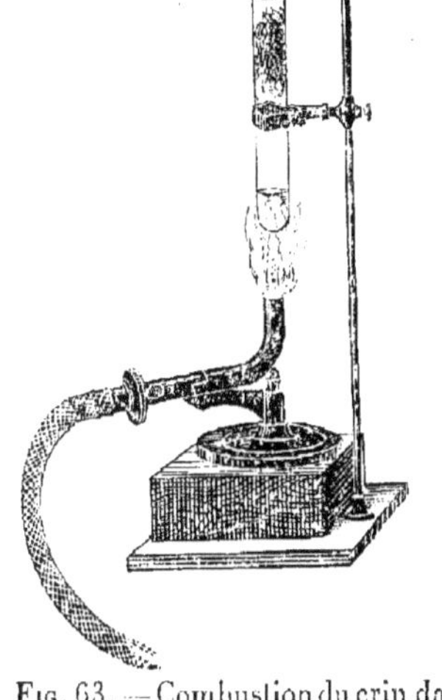

Fig. 63. — Combustion du crin dans la vapeur d'acide azotique fumant

affiner les métaux précieux, pour faire les essais d'or et d'argent, pour teindre en jaune la laine, la soie, les plumes. Il joue un rôle important dans la fabrication de l'acide sulfurique.

L'acide fumant sert à préparer des composés organiques importants : nitrobenzine, acide picrique, nitroglycérine, coton-poudre, celluloïd.

Enfin, dans les ateliers on consomme une grande quantité d'acide azotique plus ou moins aqueux sous les noms d'*eau-forte, eau-seconde,* etc., pour la gravure sur cuivre, pour le secrétage des poils en chapellerie, pour dissoudre les oxydes formés à la surface du cuivre, du laiton, du bronze, etc.

Gravure sur cuivre. — La plaque de cuivre bien nettoyée est recouverte d'un vernis et entourée d'un bourrelet de cire. Avec une pointe fine, on trace sur ce vernis le dessin ou les caractères à graver, en ayant soin de mettre le cuivre à nu, puis on verse une couche d'eau-forte sur la plaque. Quand on juge qu'elle a suffisamment mordu, on lave à l'eau et on dissout le vernis par l'essence de térébenthine. On peut remplacer le vernis par la paraffine.

91. Azotate de potassium AzO³K. — L'azotate de potassium appelé aussi *nitre* ou *salpêtre*, se rencontre dans les pays chauds, en Egypte, en Chine et dans l'Inde, où il forme des efflorescences à la surface du sol pendant la saison sèche. Associé aux azotates de calcium et de magnésium, il forme également dans nos pays des efflorescences sur les murs des lieux humides : caves, écuries, etc.

Préparation. — *On obtient généralement le salpêtre en faisant réagir du chlorure de potassium sur une dissolution bouillante d'azotate de sodium ou salpêtre du Pérou :*

$$KCl + AzO^3Na = AzO^3K + NaCl.$$

Le chlorure de sodium n'étant guère plus soluble à chaud qu'à froid, se dépose en partie pendant la concentration ; l'azotate de potassium, très soluble, s'accumule dans la liqueur. Quand celle-ci est suffisamment concentrée, on l'envoie dans des cristallisoirs où l'azotate cristallise par refroidissement. On a ainsi le salpêtre *brut*. Ce salpêtre doit être *raffiné*, c'est-à-dire débarrassé des sels étrangers. Pour cela, on le soumet à un lavage avec une dissolution de salpêtre pur, qui ne dissout que les sels étrangers.

On extrait aussi du salpêtre des mélasses des sucreries de betteraves.

Propriétés. — L'azotate de potassium se présente en cristaux striés, d'une saveur fraîche et piquante. Ils sont très solubles dans l'eau et leur solubilité augmente avec la température.

Chauffé, l'azotate de potassium fond, puis dégage de l'oxygène et laisse un résidu d'azotite qui, au rouge blanc, se décompose à son tour en oxygène, azote et oxyde de potassium. Cette propriété fait du salpêtre un oxydant énergique ; il fuse quand on le projette sur des charbons rouges ; mélangé à du soufre, il donne une poudre qui brûle avec une grande vivacité.

Usages. — On utilise principalement le salpêtre pour la fabrication de la poudre de chasse ; on le mélange pour cela à du soufre en canons pulvérisé et du charbon provenant de la distillation de bois légers (bourdaine, peuplier). Dans les laboratoires, il sert à préparer l'acide azotique. En médecine, on l'administre comme diurétique.

RÉSUMÉ DU CHAPITRE XIII

L'*acide azotique* AzO^5H est très répandu à l'état d'azotates de calcium, de sodium, de potassium. On le prépare en chauffant un mélange d'azotate de potassium et d'acide sulfurique concentré ; les vapeurs d'acide azotique se condensent dans un ballon refroidi.

Pur, l'acide azotique est un liquide incolore, répandant à l'air des fumées blanches. On l'appelle acide fumant quand il est coloré en jaune par des vapeurs rutilantes. L'acide ordinaire contient 30 % d'eau : il est plus stable que l'acide fumant et bout sans se décomposer à 123°.

L'acide azotique est un oxydant énergique : il oxyde à froid le phosphore et presque tous les métaux. La plupart des métaux usuels (cuivre, fer) donnent avec l'acide étendu un azotate et il se dégage des vapeurs rouges de peroxyde d'azote AzO^2.

La plupart des matières organiques sont attaquées par l'acide azotique et détruites (inflammation de l'essence de térébenthine, coloration de la peau en jaune, décoloration de l'indigo).

L'acide azotique est employé pour préparer les azotates, l'acide sulfurique, pour décaper les métaux, pour graver sur cuivre, pour teindre en jaune la laine et la soie.

L'*azotate de potassium* AzO^3K (nitre ou salpêtre) se forme à la surface du sol dans les pays chauds. On l'obtient par action du chlorure de potassium sur le salpêtre du Pérou (azotate de sodium). Il est très soluble dans l'eau. La chaleur le décompose avec dégagement d'oxygène ; aussi est-ce un oxydant énergique. On emploie le salpêtre dans la fabrication de la poudre de chasse et pour préparer l'acide azotique.

CHAPITRE XIV

PHOSPHORE

Symbole : P.

M. atomique : 31

92. État naturel. — Le phosphore n'existe pas à l'état libre dans la nature, à cause de sa grande affinité pour l'oxygène ; mais il est très répandu à l'état de *phosphates*, principalement de phosphate de calcium (98).

93. Propriétés physiques. — Le phosphore est un solide blanc-jaunâtre assez mou pour être rayé par l'ongle ; il possède une odeur alliacée particulière. Sa masse spécifique est $1^g,84$. Il est insoluble dans l'eau, soluble dans le sulfure de carbone. Son point de fusion est 44°.

Action sur l'organisme. — Le phosphore est vénéneux ; l'absorption continue de ses vapeurs détermine une altération des os de la mâchoire et du nez. Introduit dans l'estomac, il provoque des vomissements et peut amener rapidement la mort.

94. Propriétés chimiques. — Le phosphore est caractérisé par son affinité pour l'*oxygène*. A la température ordinaire il s'oxyde lentement et émet des vapeurs qui luisent dans l'obscurité (phosphorescence). Vers 60° il prend feu et brûle avec une flamme brillante en produisant d'épaisses fumées blanches d'anhydride phosphorique P^2O^5. La facile inflammabilité du phosphore et les brûlures graves qu'il occasionne en font un corps dangereux à manier quand il est sec ; il peut même s'enflammer spontanément quand il est très divisé : c'est ainsi qu'un papier imprégné d'une dissolution de phosphore dans le sulfure de carbone prend feu dès que le sulfure est évaporé.

Un fragment de phosphore introduit dans un flacon plein de *chlore* s'enflamme spontanément (*fig.* 64), en produisant des chlorures de phosphore.

Action sur les composés. — Le phosphore réduit la plupart des composés oxygénés comme l'acide azotique, les oxydes métalliques ; il précipite le cuivre, l'argent, des dissolutions de leurs sels : un bâton de phosphore plongé dans une dissolution de sulfate de cuivre se recouvre de cuivre métallique.

Fig. 64. — Combustion du phosphore dans le chlore.

Chauffé avec une dissolution de soude, le phosphore forme de l'hydrogène phosphoré PH^3, gaz à odeur d'ail qui s'enflamme spontanément à l'air parce qu'il est mélangé à un autre phosphure, liquide, P^2H^4.

95. Usages. — Le phosphore est utilisé pour préparer des pâtes destinées à détruire les rats ; mais la plus grande partie du phosphore fourni par l'industrie sert à la fabrication des *allumettes chimiques*.

Les allumettes ordinaires sont en bois de peuplier ou de tremble ; on les trempe par une extrémité d'abord dans un bain de paraffine, afin de les rendre plus combustibles et moins hygrométriques, puis dans du soufre fondu. Cette extrémité est enfin garnie d'une pâte faite avec du phosphore, de la colle forte, du sable fin, du salpêtre et une matière colorante.

Ces allumettes présentent de nombreux inconvénients : outre que leur fabrication est une industrie très malsaine, elles occasionnent fréquemment des incendies ou des empoisonnements. On fabrique actuellement des allumettes dont la pâte est à base de chlorate de potassium et de sesquisulfure de phosphore, composé inoffensif.

96. Phosphore rouge. — Soumis à l'influence prolongée
de la chaleur, le phosphore se transforme en une variété
rouge, amorphe, douée de propriétés physiques toutes nouvelles : on dit que c'est une variété *allotropique* du phosphore ordinaire.

Le phosphore rouge se présente en poudre d'un rouge brun,
inodore. Il est insoluble dans le sulfure de carbone et n'est
pas vénéneux.

Le phosphore rouge ne luit pas dans l'obscurité. Il ne s'enflamme qu'à 260°. Les dissolutions alcalines n'exercent sur lui
aucune action.

Usages. — Le phosphore rouge sert à fabriquer les allumettes dites au phosphore rouge. L'extrémité de ces allumettes est enduite d'un mélange de chlorate de potassium, de
sulfure d'antimoine et de gélatine. Elles ne s'enflamment que
sur un frottoir spécial, enduit de phosphore rouge mélangé à
de la gélatine et à du sulfure d'antimoine.

97. Anhydride et acides phosphoriques. — Le composé
oxygéné le plus important du phosphore est l'*anhydride*

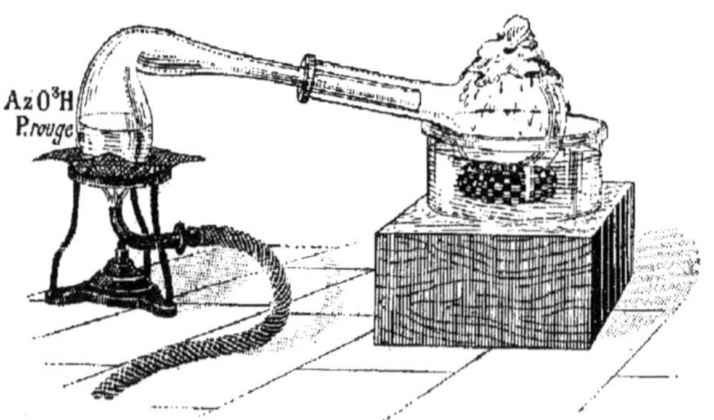

Fig. 65. — Préparation de l'acide phosphorique ordinaire.

phosphorique P^2O^5, auquel correspondent trois acides par
l'action de 1, 2, 3 molécules d'eau ; ce sont : l'*acide métaphosphorique* PO^3H ($P^2O^5 + H^2O = 2PO^3H$) ; l'*acide pyro-*

phosphorique $P^2O^7H^4$ ($P^2O^5 + 2H^2O = P^2O^7H^4$); et l'*acide orthophosphorique* ou acide phosphorique ordinaire PO^4H^3 ($P^2O^5 + 3H^2O = 2PO^4H^3$).

L'*anhydride phosphorique* est le produit de la combustion vive du phosphore dans l'oxygène ou dans l'air secs. Il se présente en flocons blancs, légers, très avides d'eau.

L'*acide orthophosphorique* s'obtient en chauffant du phosphore rouge avec de l'acide azotique étendu (*fig.* 65); l'acide orthophosphorique formé reste dans la cornue.

Cet acide chauffé perd de l'eau et se transforme d'abord en acide pyrophosphorique,
$$2PO^4H^3 = H^2O + P^2O^7H^4,$$
puis en acide métaphosphorique,
$$P^2O^7H^4 = H^2O + 2PO^3H.$$

Ce dernier est indécomposable par la chaleur. Sa dissolution neutralisée par l'ammoniaque donne un précipité blanc avec le chlorure de baryum, et un précipité jaune avec l'azotate d'argent.

98. Phosphates de calcium. — L'acide orthophosphorique forme avec le calcium trois phosphates : monocalcique $(PO^4H^2)^2Ca$, dicalcique $(PO^4H)^2Ca^2$ et tricalcique $(PO^4)^2Ca^3$. Le plus important est le *phosphate tricalcique* qui constitue les 4/5 de la partie minérale des os. On le rencontre abondamment dans la nature, formant souvent des nodules ou rognons paraissant être pour la plupart des *coprolithes,* ou excréments fossiles de grands reptiles disparus. La *phosphorite* du Lot et l'*apatite,* très abondante en Espagne, sont des chaux phosphatées presque pures.

Le phosphate tricalcique est insoluble dans l'eau, mais il est attaqué facilement par les acides, qui le transforment en phosphate monocalcique soluble $(PO^4H^2)^2Ca$. C'est grâce à l'action de l'acide carbonique du sol sur les phosphates naturels que les plantes peuvent s'assimiler l'acide phosphorique nécessaire à leur développement.

Le phosphate tricalcique sert à préparer le phosphore. On en emploie de grandes quantités comme engrais. Pour cet usage, on se contente quelquefois de broyer finement les phosphates naturels ; sous cet état, ils sont lentement assimilables par les plantes. Le plus souvent on traite ces phosphates par leur poids d'acide sulfurique à 50° ; il se forme des mélanges de phosphates mono, bi, tricalcique et de sulfate de calcium. Ces mélanges sont connus sous le nom de *superphosphates* et sont vendus suivant leur teneur en phosphates solubles. Les agriculteurs les mélangent au fumier et s'en servent surtout pour les céréales.

99. Extraction du phosphore. — Le phosphore s'extrait chimiquement des os préalablement calcinés ou des phosphates de calcium naturels. Les os calcinés contiennent 83% de phosphate de calcium.

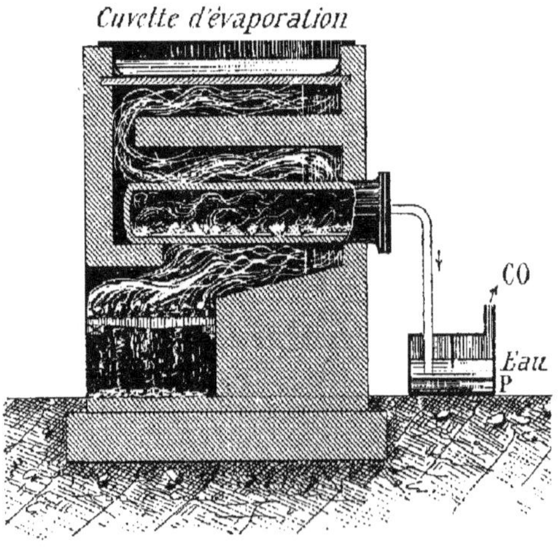

FIG. 66. — Réduction de l'acide phosphorique par le charbon.

1° *Extraction de l'acide phosphorique.* — On décompose les phosphates naturels ou les os, préalablement calcinés, par l'acide sulfurique. Cette opération se fait dans des cuves en bois doublées de plomb et chauffées par de la vapeur.

En employant 3 molécules d'acide sulfurique pour 1 molécule de phosphate tricalcique, on obtient de l'acide phosphorique :

$$(PO^4)^2Ca^3 + 3SO^4H^2 = 2PO^4H^3 + 3SO^4Ca.$$

On enlève le sulfate de calcium, qui est insoluble dans une dissolution d'acide phosphorique. Le liquide sirupeux restant est mélangé à 25% de charbon de bois, puis on calcine le

tout au rouge sombre. L'acide phosphorique se transforme en
acide métaphosphorique :

$$PO^4H^3 = PO^3H + H^2O.$$

2° *Réduction de l'acide métaphosphorique par le charbon.*
— Le mélange provenant de l'opération précédente est enfin
distillé dans des cornues en terre (*fig*. 66), communiquant
chacune par un tube de cuivre avec un réfrigérant en forme
d'auge. Les réfrigérants contiennent de l'eau qui est chaude,
afin de permettre au phosphore de fondre et de se rassem·
bler à la partie inférieure. Il se dégage de l'oxyde de carbone :

$$2PO^3H + 5C = 2P^{\nearrow} + 5CO^{\nearrow} + H^2O^{\nearrow}.$$

On fabrique aujourd'hui beaucoup de phosphore en traitant
par un courant électrique un mélange de phosphate de calcium,
de sable et de charbon.

RÉSUMÉ DU CHAPITRE XIV

Le *phosphore* ($P = 31$) est très répandu à l'état de phosphates,
principalement de phosphate de calcium.

C'est un solide jaunâtre, mou, à odeur alliacée. Il se dissout facilement dans le sulfure de carbone, et fond à 44°.

Le phosphore est caractérisé par son affinité pour l'oxygène. Il
s'oxyde lentement à la température ordinaire en émettant des vapeurs
qui luisent dans l'obscurité (phosphorescence). A 60°, il prend feu et
brûle avec une flamme brillante en donnant de l'anhydride phosphorique. Il est dangereux à manier quand il est sec. Dans le chlore, il
s'enflamme spontanément.

Un grand nombre de composés oxygénés sont réduits par le phosphore : acide azotique, oxydes métalliques. Il en est de même des dissolutions des sels de cuivre, d'argent.

Le phosphore sert principalement dans la fabrication des allumettes
chimiques.

Le composé le plus important du phosphore et de l'oxygène est
l'anhydride phosphorique P^2O^5, auquel correspondent trois hydrates :
les acides méta, pyro et orthophosphoriques.

L'*anhydride phosphorique*, P^2O^5, est le produit de la combustion
vive du phosphore dans l'air ou dans l'oxygène secs. Il est en flocons
blancs.

L'*acide orthophosphorique*, ou acide phosphorique ordinaire

BASIN. — Chim. élém., I.   4

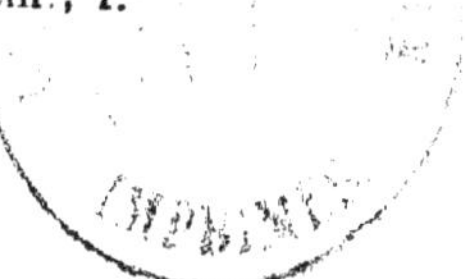

PO^4H^3, s'obtient en chauffant le phosphore rouge avec de l'acide azotique étendu, dans une cornue de verre.

L'acide orthophosphorique forme avec le calcium trois phosphates, dont le plus important est le phosphate tricalcique $(PO^4)^2Ca^3$, très répandu dans la nature. Ce phosphate est transformé par les acides en phosphate monocalcique soluble $(PO^4H^2)^2Ca$, qui entre dans les superphosphates, utilisés comme engrais.

CHAPITRE XV

CARBONE

Symbole : C.   M. atomique : 12.

100. État naturel. — Le carbone se présente à l'état libre dans un grand nombre de variétés plus ou moins pures que l'on réunit sous le nom de *charbons naturels*; les principales sont le diamant, le graphite et la houille. Il entre dans la constitution du gaz carbonique, des carbonates et, en général, de tous les composés dits *organiques*, comme le sucre, l'amidon, l'alcool.

101. Propriétés physiques générales. — Les variétés de carbone se présentent sous divers aspects, et la plupart de leurs propriétés physiques diffèrent sensiblement d'une variété à l'autre.

Le carbone, sous toutes ses variétés, est remarquable par sa fixité. Il ne se volatilise que dans l'arc électrique, à la température d'environ 3 500°. Il n'est soluble que dans certains métaux en fusion comme l'argent, la fonte de fer.

102. Propriétés chimiques. — La propriété chimique la plus importante du carbone est son affinité pour l'*oxygène* : au rouge sombre, il brûle dans ce gaz ou dans l'air et se transforme en gaz carbonique CO^2. Si le carbone est pur, 12^g de ce corps s'unissent par la combustion à 32^g d'oxygène et forment 44^g de gaz carbonique :

$$C + 2O = CO^2 ;$$

mais si la quantité d'oxygène n'atteint pas cette proportion, la combustion est incomplète et il y a production d'oxyde de carbone CO.

Le *soufre* s'unit également au carbone, sous l'action de la chaleur, et donne le sulfure de carbone CS^2, liquide à odeur fétide. Avec l'*hydrogène*, le carbone forme un nombre presque illimité de composés appelés carbures d'hydrogène, dont les principaux sont : le méthane CH^4, l'éthylène C^2H^4, et l'acétylène C^2H^2.

Action sur les composés. — A cause de son affinité pour

Fig. 67. — Décomposition de l'eau par le carbone.

l'oxygène, le carbone est un *réducteur* énergique. Il décompose un grand nombre de composés oxygénés, tels que l'eau, l'acide sulfurique, l'acide azotique, les oxydes métalliques, etc.

L'*eau* est décomposée au rouge avec production d'hydrogène, oxyde de carbone et gaz carbonique :

$$C + H^2O = CO\nearrow + 2H\nearrow,$$
$$C + 2H^2O = CO^2\nearrow + 4H\nearrow.$$

On obtient un mélange de ces trois gaz en éteignant des
charbons incandescents sous une cloche remplie d'eau (*fig.* 67).

L'*oxyde de cuivre*, chauffé légèrement avec du charbon
de bois pulvé-
risé (*fig.* 68),
laisse un résidu
de cuivre ; en
même temps, il
se dégage du
gaz carbonique,
qui trouble l'eau
de chaux dans
laquelle on le
fait arriver :

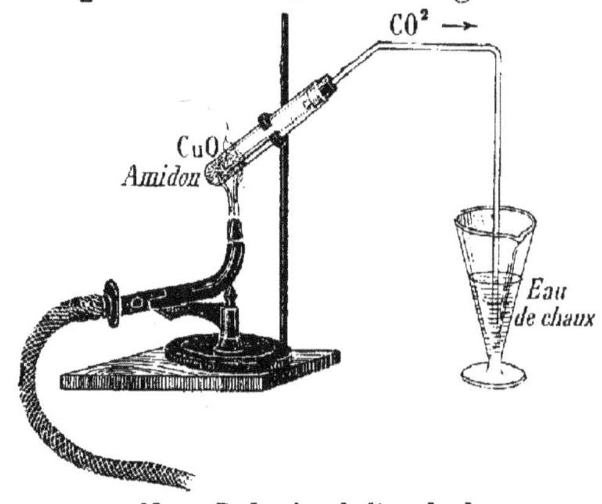

Fig. 68. — Réduction de l'oxyde de
cuivre par le carbone.

$$2CuO + C = 2Cu + CO^2\nearrow.$$

Avec l'*oxyde de zinc*, qui n'est décomposé qu'à une
température élevée, il se produit de l'oxyde de carbone :

$$ZnO + C = Zn + CO\nearrow.$$

Cette réduction des oxydes par le carbone a une grande
importance dans le traitement des minerais en métallurgie.

CHARBONS NATURELS

103. Diamant. — Le diamant est du carbone presque pur,
cristallisé. On ne le rencontre qu'en petite quantité, dissé-
miné dans les sables dits d'alluvion, au Brésil, dans l'Inde
et surtout dans l'Afrique du Sud. Les cristaux de diamant

sont quelquefois transparents et incolores; mais le plus souvent ils sont colorés en jaune, rose, bleu ou noir.

Le diamant présente un éclat particulier; convenablement taillé, il produit ces jeux de lumière qui le font tant rechercher. Sa dureté est très grande et il ne peut être poli que par sa propre poussière, que l'on appelle *égrisée*.

La masse spécifique du diamant est 3^g,5. C'est un corps mauvais conducteur de la chaleur et de l'**électricité**.

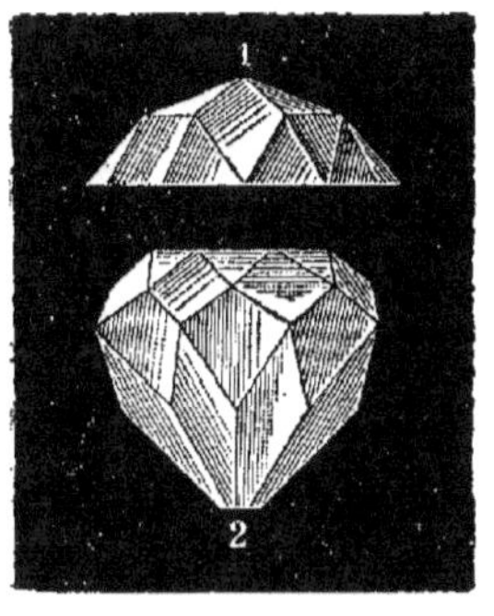

Fig. 69. — Diamants taillés
1. en rose.
2. en brillant.

Usages. — Les diamants les plus limpides sont seuls utilisés en joaillerie. Auparavant on les polit et on leur donne une forme particulière (*fig*. 69) destinée à augmenter leur éclat en favorisant les jeux de lumière.

Les diamants non susceptibles d'être taillés servent, en raison de leur dureté, à fabriquer des outils pour couper le verre et graver les pierres dures. On en garnit quelquefois les forets destinés au percement des tunnels, au forage des puits.

Le prix des diamants est très variable suivant leurs dimensions, leur taille et leur transparence; l'unité de masse est le *carat métrique* (0^g,2).

104. Graphite. — Le graphite, appelé aussi *plombagine* ou *mine de plomb*, est encore du carbone presque pur. On le trouve dans les terrains primitifs, en masses opaques d'un gris d'acier, assez tendres pour laisser une trace sur le papier. Sa masse spécifique varie entre 2^g,1 et 2^g,3. Il est bon conducteur de la chaleur et de l'électricité.

Usages. — C'est avec le graphite que l'on fabrique les crayons ordinaires ; mélangé avec de l'argile, il constitue les crayons Conté. On emploie le graphite en poussière délayée dans l'huile pour noircir les objets en tôle et les protéger ainsi contre la rouille. On en fait des creusets résistant aux hautes températures des fourneaux de laboratoire.

105. Anthracite. — L'anthracite ou charbon de pierre renferme environ 10 % de matières étrangères. Il est dur, d'un noir brillant. C'est un bon combustible quand le tirage est suffisant. On le trouve dans les terrains antérieurs au terrain carbonifère en Angleterre, en France, près d'Angers, à Moûtiers (Savoie) et à la Mure (Isère).

106. Houilles. — Les houilles sont des charbons naturels renfermant de 75 à 88 % de carbone ; on les trouve surtout dans le terrain dit *houiller*, dans lequel elles forment ordinairement des lits plus ou moins épais appelés *veines*.

Les houilles se présentent en masses noires brillantes, à structure feuilletée et portant assez souvent des empreintes de feuilles qui démontrent leur origine végétale.

Les houilles dites *grasses* produisent en brûlant une flamme longue, fuligineuse et se boursouflent beaucoup ; elles sont préférées pour les travaux de forge et pour la fabrication du gaz d'éclairage.

Les houilles *maigres* brûlent sans flamme et dégagent moins de chaleur que les houilles grasses ; on les emploie pour la cuisson des briques, de la chaux et dans l'industrie céramique.

Les houilles *demi-grasses* ont une cassure brillante et contiennent souvent de la pyrite de fer. On les emploie pour le chauffage des chaudières à vapeur et des fours divers.

107. Lignites. — Les lignites sont plus impurs que la houille ; ils sont bruns ou noirs et brûlent avec une flamme peu chaude accompagnée d'une fumée noire désagréable. Certaines variétés sont brillantes et assez dures pour pouvoir être travaillées au tour ; on les emploie, sous le nom de *jais, jayet* ou *ambre noir*, pour faire des ornements de deuil.

108. Tourbe. — La tourbe provient de la décomposition de plantes marécageuses. Séchée et comprimée, elle constitue un assez bon combustible. En France, on l'extrait en grande partie des marais de la vallée de la Somme.

La tourbe est remarquable par son pouvoir antiseptique et surtout par son pouvoir absorbant. On associe les fibres de tourbe à la laine de brebis pour faire des tissus hygiéniques (lainage à la ouate de tourbe). On utilise la tourbe pour faire la litière des chevaux. On pratique ainsi une économie très notable sur la paille. Le fumier de tourbe est livré à l'agriculture.

CHARBONS ARTIFICIELS

109. Coke. — C'est le résidu de la calcination de la houille en vase clos ; on l'obtient comme produit accessoire dans la fabrication du gaz d'éclairage. Il renferme en moyenne 90 % de carbone.

Le coke est grisâtre, boursouflé et très léger. Il brûle presque sans flamme et sans répandre d'odeur désagréable ; mais il ne s'allume qu'assez difficilement et sa combustion doit être activée par un courant d'air.

Le coke provenant de la fabrication du gaz ne peut, en raison de son petit volume et de son titre relativement élevé en cendres et faible en carbone, servir aux usages métallurgiques ; aussi est-il consommé presque exclusivement dans les ménages et les petits foyers industriels. Pour la métallurgie, on prépare spécialement du coke en carbonisant la houille en grandes masses afin d'avoir un produit dur et fortement aggloméré.

110. Charbon de cornues. — Ce charbon se dépose sous forme de croûte dure sur les parois des cornues dans lesquelles on distille la houille. Il est noir brillant, sonore, bon conducteur. On l'utilise dans les éléments de pile Bunsen ; on en fait aussi des creusets infusibles.

111. Charbon de bois. — Le charbon de bois est le produit de la combustion incomplète du bois ou de sa distillation en vase clos ; de là deux procédés de fabrication.

Procédé des meules. — Dans les forêts, après les coupes, on empile des rondins de bois de la grosseur voulue et on en forme des *meules* à cheminée centrale (*fig.* 70). Chaque meule ayant été recouverte de terre, on jette du bois enflammé par la cheminée, et, à l'aide d'ouvertures pratiquées successivement de haut en bas, on règle la combustion de manière qu'elle se propage peu à peu dans

Fig. 70. — Combustion incomplète du bois en meules.

toute la meule ; après quoi, on bouche toutes les ouvertures et on laisse refroidir. Ce procédé a l'avantage d'être expéditif et de pouvoir s'appliquer sur place.

Distillation. — La carbonisation du bois en vase clos donne un rendement plus élevé et permet de recueillir les produits volatils dégagés par le bois : esprit de bois, acide acétique, etc.

Propriétés et usages. — Le charbon de bois est noir, cassant. Il possède la propriété importante d'absorber les gaz, généralement en quantité d'autant plus grande que ceux-ci sont plus solubles dans l'eau.

Ainsi 1 vol. de charbon de bois peut absorber 60 vol. de gaz ammoniac, et seulement 7,5 d'azote. Si, après avoir éteint sous le mercure un fragment de charbon de bois incandescent, on l'introduit sous une éprouvette remplie de gaz ammoniac, on voit le niveau du mercure monter rapidement par suite de l'absorption du gaz.

Cette propriété absorbante est mise à profit pour enlever toute mauvaise odeur aux viandes avariées, pour désinfecter les fosses d'aisances et surtout les eaux stagnantes (filtres à charbon). Mais c'est surtout comme combustible, dans les cuisines, que le charbon de bois est utilisé.

112. Noir de fumée. — Le noir de fumée est le dépôt pulvérulent que produit la combustion incomplète des substances riches en carbone, comme les résines, les essences. Si l'on enflamme, par exemple, de l'essence de térébenthine dans une soucoupe (*fig.* 71), elle

Fig. 71. — Production de noir de fumée par combustion de l'essence de térébenthine.

brûle avec une flamme fuligineuse, et une assiette placée au-dessus de cette flamme se recouvre de noir de fumée.

Dans l'industrie, on brûle du goudron ou des résines dans une marmite chauffée par un foyer (*fig.* 72) ; le noir de fumée se débarrasse des liquides entraînés dans un condenseur, puis il va se déposer dans de grandes chambres dont les parois sont recouvertes de toiles.

Propriétés et usages. — Le noir de fumée se présente en poudre noire très légère et grasse au toucher. Il entre dans la composition des encres d'imprimerie et des imitations

d'encre de Chine. On l'emploie dans la peinture en bâti-
ments. Les crayons noirs des dessinateurs sont fabriqués
avec un mélange d'argile et de noir de fumée.

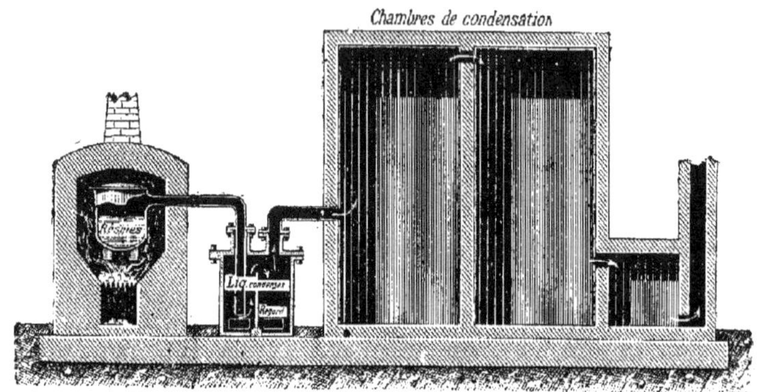

Fig. 72. — Préparation du noir de fumée.

113. Noir animal. — Ce charbon est le résidu de la calcination des os en vase clos.

Quand on chauffe des os au rouge à l'abri de l'air, la
matière organique se détruit en imprégnant la matière minérale d'un résidu de carbone.

Dans l'industrie, on carbonise les os dans des cornues
verticales en fonte montées sur une double ligne de chaque
côté d'un foyer (*fig.* 73). Quand le noir est cuit, on
ouvre brusquement le tampon de décharge et on reçoit
d'un seul coup la charge dans un wagonnet en tôle, qu'on
recouvre immédiatement pour étouffer le noir rouge et
l'empêcher de brûler.

Propriétés et usages. — Le noir animal se présente en
grains noirs, irréguliers, ne renfermant que 10 à 12 °/₀ de
carbone ; le reste est presque entièrement formé de phosphate et de carbonate de calcium.

Il est remarquable par l'action absorbante qu'il exerce
sur les substances dissoutes dans l'eau et principalement
sur les matières colorantes. C'est ainsi que du vin rouge,
de la teinture bleue de tournesol, etc., filtrés à travers du
noir animal, deviennent incolores.

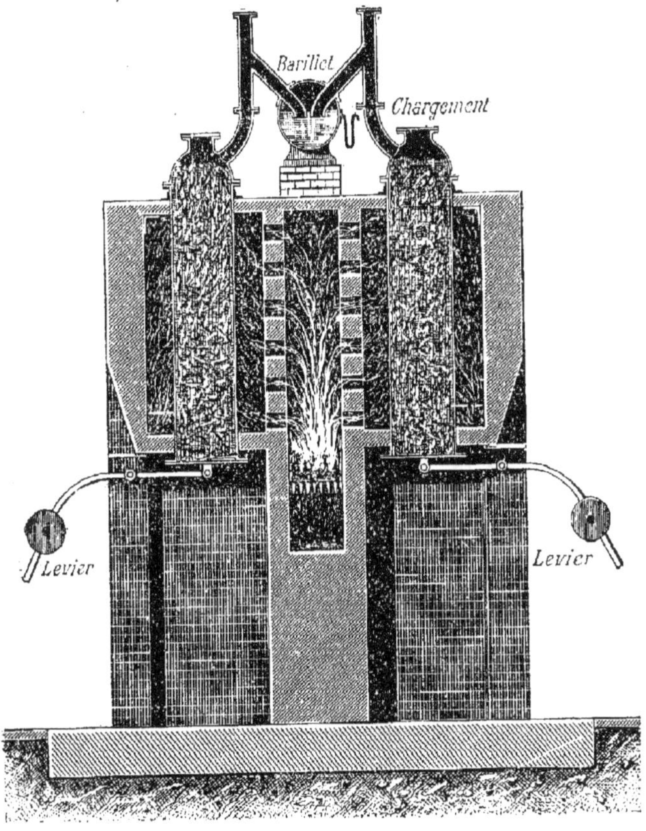

Fig. 73. — Four à carboniser les os pour noir animal.

Cette action est utilisée pour décolorer les sirops de sucre,
les miels, pour blanchir la glycérine, épurer des produits
organiques (huiles, vaseline, etc.). Enfin le noir en poudre
entre dans la composition des cirages.

RÉSUMÉ DU CHAPITRE XV

Le *carbone* (C $= 12$) est très répandu dans la nature, soit presque pur (diamant, graphite), soit associé à des matières étrangères (houille) Ces variétés constituent les charbons naturels.

Le carbone est combustible : 12^g de carbone pur brûlent en s'unissant à 32^g d'oxygène et forment 44^g de gaz carbonique. C'est un réducteur énergique ; il décompose l'eau au rouge et réduit la plupart des oxydes métalliques en mettant le métal en liberté.

Principaux charbons naturels. — Le diamant est du carbone presque pur, cristallisé ; il est très dur et mauvais conducteur de la chaleur et de l'électricité. On le taille avec sa propre poussière.

Le graphite ou plombagine est d'un gris d'acier, tendre, bon conducteur de la chaleur et de l'électricité. Il sert à fabriquer les crayons, à noircir les objets en tôle, etc.

Les houilles sont des charbons naturels renfermant de 75 à 88 %, de carbone. Elles sont noires, luisantes, fragiles. On les trouve abondamment dans le terrain houiller.

Principaux charbons artificiels. — Le charbon de bois s'obtient par la combustion incomplète du bois ou par sa distillation en vase clos. Il est fragile, poreux. Il a la propriété de condenser les gaz dans ses pores ; aussi est-il employé comme désinfectant.

Le noir de fumée provient de la combustion incomplète des résines. Il est noir, pulvérulent. On l'emploie surtout pour fabriquer les encres d'imprimerie.

Le noir animal est le résidu de la calcination des os en vase clos ; il ne renferme que 10 %, de carbone. Il absorbe facilement les matières colorantes, ce qui le fait employer comme décolorant.

CHAPITRE XVI

COMPOSÉS OXYGÉNÉS DU CARBONE

ANHYDRIDE CARBONIQUE

Formule : CO^2.

114 État naturel. — L'anhydride carbonique, appelé aussi *gaz carbonique*, est très répandu dans la nature. Ses sources principales sont : la combustion des substances renfermant du carbone, la respiration des animaux et des végétaux, la fermentation alcoolique et la calcination des calcaires. Il s'en dégage du sol près des volcans, dans les grottes naturelles, comme la grotte du Chien, près de Naples. Enfin le gaz carbonique forme de nombreux carbonates naturels comme la craie ou carbonate de calcium.

115. Préparation. — *On prépare le gaz carbonique en décomposant le carbonate de calcium (craie ou marbre) par l'acide chlorhydrique :*

$$CO^3Ca + 2HCl = CaCl^2 + H^2O + CO^2 \nearrow.$$

L'opération se fait dans un appareil à hydrogène (*fig.* 74). Dès que l'acide chlorhydrique arrive au contact du carbo-nate, il se produit une vive effervescence : le gaz carbo-nique est recueilli sur l'eau.

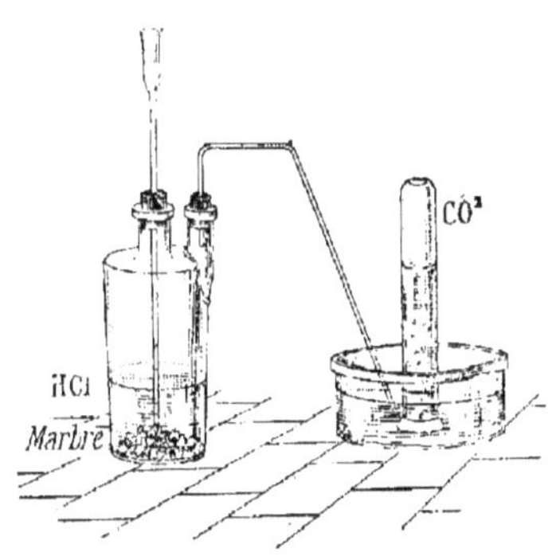

Fig. 74. — Préparation du gaz carbonique.

Dans l'industrie, on traite la craie par l'acide sulfu-rique :
$$CO^3Ca + SO^4H^2$$
$$= SO^4Ca + H^2O + CO^2 \nearrow ;$$
ou bien, dans les industries qui exigent à la fois du gaz carbonique et de la chaux, on calcine les calcaires naturels :
$$CO^3Ca = CaO + CO^2 \nearrow.$$

Enfin la fermentation alcoolique fournit à l'industrie une grande quantité de gaz carbonique.

116 Propriétés physiques. — L'anhydride carbonique a une odeur légèrement piquante et une saveur aigrelette. L'eau en dissout à peu près son volume à la température et sous la pression ordinaires. Sa densité est 1,529. Pour mettre en évidence cette grande densité, on verse, à la manière d'un liquide, le gaz carbonique contenu dans une éprouvette sur une bougie allumée (*fig.* 75); la bougie s'éteint immédiatement, car ce gaz n'entretient pas la combustion.

Fig. 75. — Extinction d'une bougie par le gaz carbonique.

Liquéfaction. — L'anhydride carbonique est facilement liquéfiable; on l'obtient en effet à l'état liquide à 0° sous une pression de 36^{kg}.

On prépare l'anhydride liquide en comprimant le gaz dans des réservoirs refroidis par de la glace. Il est vendu dans des cylindres en fer forgé contenant 8^{kg} d'anhydride liquide, représentant 3500 litres de gaz carbonique mesurés sous la pression ordinaire. C'est un liquide très mobile; en s'évaporant à l'air, il produit un abaissement de température suffisant pour qu'une partie du liquide se solidifie sous forme de flocons neigeux, lesquels peuvent être recueillis dans des boîtes mauvaises conductrices. Cette neige ne mouille pas les corps; mais, mélangée à de l'éther et soumise à une évaporation rapide dans le vide, elle abaisse la température à — 110°; aussi est-elle utilisée pour produire de très grands froids. Quant à l'anhydride liquide, on l'emploie pour exercer des pressions, principalement la pression nécessaire au débit de la bière. On le vend dans de petites boules d'acier (sparklets) pour « champagniser » instantanément n'importe quelle boisson.

Action sur l'organisme. — Le gaz carbonique est irrespirable. Dans une atmosphère qui en contient environ 30 °/₀, le sang veineux ne peut plus dégager le gaz carbonique qu'il contient; de là la mort par asphyxie. L'asphyxie est très rapide quand ce gaz se dégage brusquement en grande quantité ; on connaît les accidents nombreux qui ont déjà été occasionnés par les fours à chaux, les cuves de fermentation, etc. ; aussi est-il prudent, avant de pénétrer dans un endroit où le gaz carbonique a pu s'accumuler, de s'assurer qu'une bougie allumée y brûle tranquillement.

Au contact de la peau, le gaz carbonique détermine une sensation de chaleur ; on l'administre quelquefois en douches gazeuses comme stimulant. Introduit en dissolution à l'intérieur (eau de Seltz), il rafraîchit, désaltère et active les sécrétions de l'estomac.

117. Propriétés chimiques. — Le gaz carbonique est

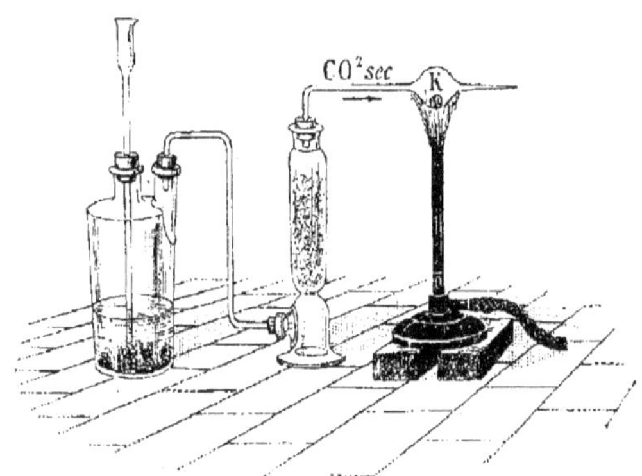

Fig. 76. — Réduction du gaz carbonique par le potassium.

réduit au rouge par un certain nombre de corps avides d'oxygène, comme l'hydrogène, le carbone, le potassium

Si l'on chauffe légèrement un fragment de potassium dans un courant de gaz carbonique sec (*fig.* 76), le potassium s'enflamme et brûle avec une flamme rougeâtre très vive en produisant un dépôt de charbon entouré d'une couronne blanche de carbonate de potassium.

Acide carbonique. — L'acide carbonique CO_3H_2 correspondant à l'anhydride carbonique est inconnu, mais on admet qu'il existe dans la dissolution aqueuse de ce dernier. Quelques gouttes de tournesol bleu introduites dans du gaz carbonique se colorent en effet en rouge vineux. Si l'on remplace le tournesol par de l'eau de chaux, elle absorbe le gaz, se trouble, et il se forme un précipité blanc de carbonate de calcium. La potasse absorbe aussi très facilement le gaz carbonique.

L'acide carbonique serait bibasique ; on connaît en effet deux carbonates de potassium : un carbonate acide CO^3KH, et un carbonate neutre CO^3K^2.

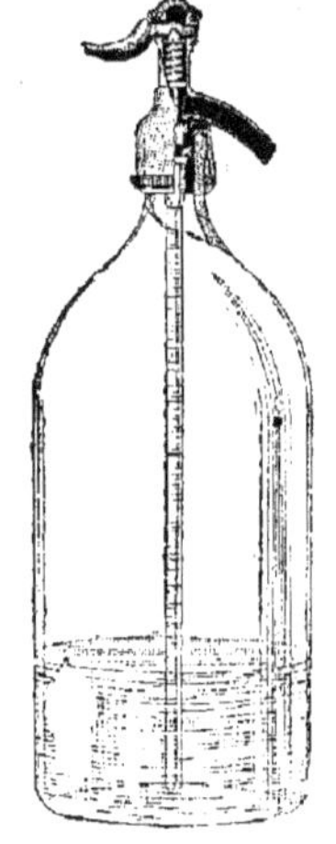

Fig. 77. — Siphon d'eau de Seltz.

118. Usages. — L'anhydride carbonique joue un rôle important dans la nutrition des plantes vertes. Il sert à fabriquer la céruse, le bicarbonate de sodium. On en emploie de grandes quantités dans l'industrie du sucre, dans la fabrication des limonades et eaux gazeuses artificielles comme l'eau de Seltz. Celle-ci est livrée à la consommation dans des siphons, d'où, en soulevant une soupape, elle s'échappe par la pression du gaz quand on appuie sur un levier extérieur (*fig.* 77).

OXYDE DE CARBONE

Formule : CO.

119. Formation. — L'oxyde de carbone se produit quand du carbone brûle en présence d'une quantité d'air insuffisante, ou quand du gaz carbonique se trouve en présence de charbon incandescent, ou encore quand des oxydes difficilement réductibles sont réduits par du carbone.

Les hauts fourneaux et en général tous les fours dans lesquels on traite du minerai par le charbon, rejettent de grandes quantités d'oxyde de carbone. Ce gaz se dégage également des foyers dont la cheminée a un tirage insuffisant ; c'est lui qui produit ces flammes bleues que l'on voit quelquefois à la surface du charbon allumé.

120. Préparation. — *On prépare l'oxyde de carbone en décomposant l'acide oxalique* $C^2O^4H^2$ *par l'acide sulfurique concentré.*

L'acide oxalique se dédouble en oxyde de carbone, gaz carbonique et eau ; celle-ci est retenue par l'acide sulfurique, et il se dégage un mélange d'oxyde de carbone et de gaz carbonique :

$$C^2O^4H^2 = H^2O + CO^{2} + CO.$$

On introduit dans un ballon des

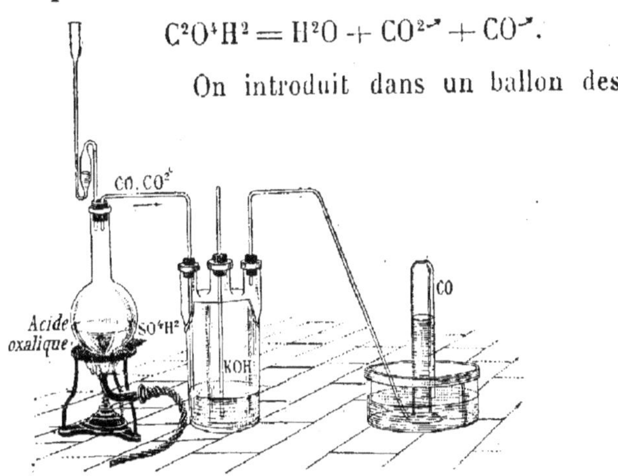

FIG. 78. — Préparation de l'oxyde de carbone.

quantités égales d'acide oxalique et d'acide sulfurique concentré, puis on chauffe modérément. Les gaz se dégagent très régulièrement ; ils traversent un flacon contenant une dissolution de potasse qui retient le gaz carbonique ; l'oxyde de carbone est recueilli sur la cuve à eau (*fig.* 78).

121. Propriétés physiques. — L'oxyde de carbone est un gaz incolore, inodore, très peu soluble dans l'eau. Sa densité est 0,96.

Action sur l'organisme. — L'oxyde de carbone est un gaz très délétère. Une très petite quantité dans une atmosphère suffit pour provoquer des maux de tête. C'est ce gaz qui produit les asphyxies par le charbon. L'empoisonnement est dû à ce que l'oxyde de carbone forme avec les globules du sang une combinaison assez stable, de telle sorte que ces globules sont désormais impropres à fixer l'oxygène. On combat un commencement d'asphyxie par l'oxyde de carbone en exposant le malade au grand air et en lui faisant respirer de l'oxygène pur.

122. Propriétés chimiques. — L'oxyde de carbone est *combustible* : il brûle avec une flamme bleue en produisant du gaz carbonique : $CO + O = CO^2$.

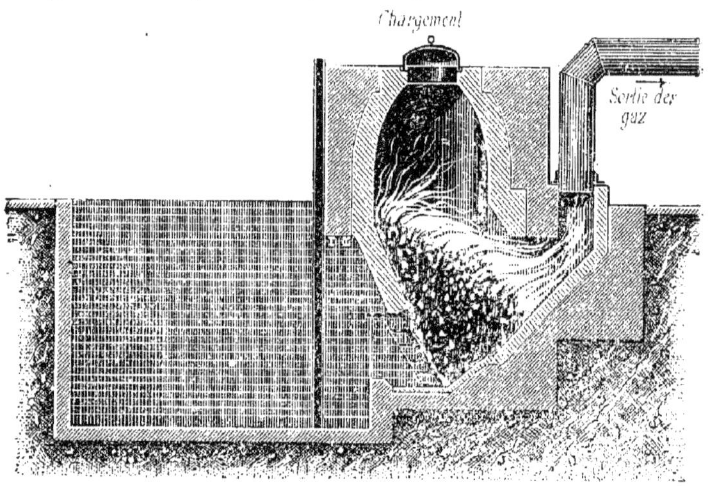

Fɪɢ. 79 — Gazogène pour la production d'oxyde de carbone.

Sa propriété chimique la plus importante est de *réduire* la plupart des composés oxygénés en passant à l'état de gaz carbonique. Il réduit notamment les oxydes métalliques ; aussi joue-t-il un rôle important dans le traitement des minerais par le carbone. C'est par ce gaz que sont réduits les oxydes de fer dans les hauts fourneaux. Si l'on introduit du papier filtre imprégné d'une dissolution de chlorure d'or dans un flacon contenant de l'oxyde de carbone, le papier devient violet par suite de la réduction du chlorure.

123. Usages. — Outre l'action réductrice qu'il exerce sur les minerais, l'oxyde de carbone est employé comme combustible dans les fours à chaux, les verreries, les hauts fourneaux. Pour cela, on le prépare économiquement dans de grands fourneaux appelés *gazogènes,* dans lesquels on fait passer de l'air sur une grille contenant du charbon ou du coke (*fig*. 79).

RÉSUMÉ DU CHAPITRE XVI

L'anhydride carbonique CO_2 naturel provient de la combustion des substances carbonées, de la respiration, etc. On le prépare en décomposant le carbonate de calcium (craie ou marbre) par l'acide chlorhydrique.

C'est un gaz 1 fois 1/2 plus dense que l'air. Il n'entretient ni la respiration, ni la combustion. Le carbone, le potassium le réduisent au rouge.

Le gaz carbonique s'emploie en grand dans les industries du sucre et des soudes. Sa dissolution sous pression constitue l'eau de Seltz.

L'oxyde de carbone se produit surtout dans la réduction du gaz carbonique par le charbon au rouge. On le prépare en chauffant l'acide oxalique avec l'acide sulfurique ; le mélange d'oxyde de carbone et de gaz carbonique qui se dégage traverse un flacon à potasse qui retient ce dernier gaz.

L'oxyde de carbone est peu soluble. Il brûle avec une flamme bleue en donnant du gaz carbonique. C'est un réducteur.

CHAPITRE XVII

SILICE. ACIDE BORIQUE

SILICE

Formule : SiO_2.

124. État naturel. — La silice ou anhydride silicique est un des corps les plus répandus dans la nature. Elle existe en dissolution dans certaines sources jaillissantes, comme les *geysers* d'Islande. Un grand nombre de plantes, comme les graminées, les prêles, etc., lui doivent leur rigidité. Elle forme les coquilles de certains mollusques et d'un grand nombre d'animaux inférieurs.

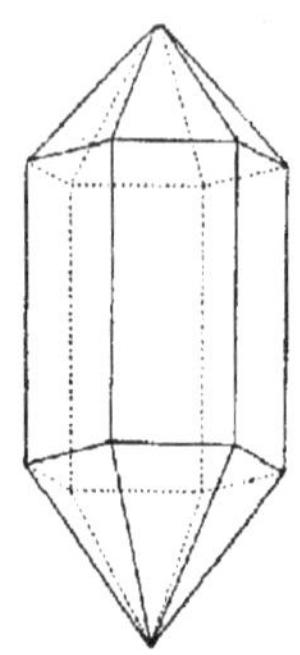

Fig. 8o. — Cristal de roche.

A l'état cristallin, la silice constitue les différentes variétés de *quartz* : quartz hyalin ou cristal de roche (*fig.* 80), améthyste ou quartz violet, quartz rose ou rubis de Bohême, quartz enfumé.

L'*agate*, le *jaspe*, la *cornaline*, si employés dans l'ornementation, sont de la silice amorphe, diversement colorée par des matières étrangères. Le *grès*, le *silex*, le *sable*, le *tripoli*, la *pierre meulière* sont de la silice associée à de l'alumine, à de l'oxyde de fer, etc.

La silice est encore plus répandue à l'état de silicates. Une foule de roches et de minéraux sont constitués par des silicates ; tels sont l'*amiante*, les *micas*, la *pierre ponce*, les *feldspaths*, le *talc*, etc.

Fig. 8i. — Formation de silice gélatineuse.

125. Préparation. — *On prépare la silice pure en décomposant le silicate de sodium par l'acide chlorhydrique.* Dans un verre à pied contenant de la *liqueur des cailloux* du commerce (solution aqueuse de silicate sodium), on verse peu à peu de l'acide chlorhydrique concentré et l'on agite ; il se forme une gelée blanche de silice hydratée, tellement épaisse que l'agitateur s'y maintient verticalement (*fig.* 81). On la lave à plusieurs reprises, puis on la dessèche et on la calcine ; le résidu est une poudre blanche, constituée par de la silice pure.

126. Propriétés. — La silice est inodore et insipide. Elle est très dure et raye le verre. Anhydre, elle est insoluble dans l'eau ; mais la silice hydratée (silice gélatineuse) se dissout en petite quantité dans l'eau, dans les acides étendus et dans les alcalis.

La silice ne peut être fondue que par un violent feu de forge ou par le chalumeau à gaz oxygène et hydrogène : on obtient alors un verre transparent, pouvant être étiré en fils.

La silice est inattaquable par tous les acides, sauf par l'acide fluorhydrique. Ce dernier la transforme en *fluorure de silicium* SiF^4, gaz incolore et fumant à l'air :

$$SiO^2 + 4HF = 2H^2O + SiF^4.$$

On utilise cette propriété pour graver sur verre.

Gravure sur verre. — Sur une plaque de verre bien propre on étend une mince couche de vernis ou de paraffine et, à l'aide d'une pointe fine, on trace sur cette couche sèche le dessin que l'on veut graver, en ayant soin de mettre le verre à nu. On entoure la plaque d'un bourrelet de paraffine, puis, dans l'espèce de cuvette ainsi formée, on verse de l'acide fluorhydrique. Après un temps d'attaque suffisant, on chauffe la plaque pour enlever la paraffine, puis on lave à grande eau et on sèche.

C'est par ce procédé que l'on grave les tiges de thermomètres, les vases gradués, les objets de gobelletterie, les glaces des cafés, etc.

127. Usages. — Les différentes variétés de quartz, l'agate, l'opale, etc., sont employées en bijouterie et pour l'ornementation. Le sable entre dans la composition du cristal, des verres, des poteries, des mortiers. Le tripoli, poudre siliceuse rougeâtre, est utilisé pour les nettoyages. Enfin le grès sert à paver, et la pierre meulière à faire des meules à broyer.

ACIDE BORIQUE

Formule : BO^3H^3.

128. État naturel. — L'acide borique correspond à l'anhydride B^2O^3, qui est la seule combinaison d'un métalloïde rare, le *bore*, avec l'oxygène.

On trouve de petites quantités d'acide borique dans les vapeurs volcaniques. Cet acide existe en dissolution dans certains lacs de Toscane, ou il est amené par de la vapeur d'eau s'échappant de fissures du sol. Les borates naturels sont nombreux et abondamment répandus ; le plus important est le borax ou borate de sodium.

129. Préparation. — L'acide borique s'obtient dans les laboratoires en décomposant le borax ou borate de sodium par l'acide chlorhydrique. On verse peu à peu de l'acide chlorhydrique dans une dissolution bouillante de borax, jusqu'à ce qu'un papier bleu de tournesol y prenne une teinte rouge pelure d'oignon. Par refroidissement, l'acide borique cristallise.

Dans l'industrie, on retire l'acide borique soit des lacs de Toscane par évaporation, soit des borates naturels que l'on décompose à chaud par l'acide chlorhydrique.

130. Propriétés. — L'acide borique se présente en petites lamelles nacrées, peu solubles dans l'eau froide, plus solubles dans l'eau bouillante et dans l'alcool dont elles colorent la flamme en vert. C'est un acide faible. Chauffé, il fond, perd de l'eau et se transforme en anhydride borique B^2O^3 qui, par refroidissement, se prend en une masse vitreuse.

L'anhydride borique fondu possède la propriété importante
de dissoudre un grand nombre d'oxydes métalliques en formant par refroidissement des masses vitreuses dont la couleur
est caractéristique de l'oxyde. Cette propriété le fait employer
dans les analyses par voie sèche.

131. Usages. — L'acide borique sert principalement à
fabriquer le borax. En médecine, on l'emploie comme antiseptique dans le pansement des plaies et en lotions contre
les parasites de la peau. Les mèches des bougies sont im-
prégnées d'une dissolution de cet acide dans l'acide sulfurique : par la chaleur que dégage la combustion, l'acide
borique rassemble les cendres de la mèche en un petit glo-
bule vitreux qui, par son poids, force celle-ci à s'incliner
pour être consumée entièrement, puis tombe et disparaît.

RESUMÉ DU CHAPITRE XVII

La *silice* SiO^2 est très répandue, soit cristallisée (quartz), soit
amorphe (agate). Mélangée à de l'oxyde de fer, à de l'alumine, elle
constitue les grès, le sable, le silex, etc.

On la prépare dans les laboratoires en décomposant le silicate de
sodium par l'acide chlorhydrique.

La silice est très dure. Insoluble dans l'eau à l'état anhydre, elle s'y
dissout en petite quantité quand elle est hydratée. Elle ne fond qu'à
un violent feu de forge Parmi les acides, l'acide fluorhydrique seul
attaque la silice. C'est le principe de la gravure sur verre.

Outre son emploi comme pierre précieuse, la silice est très usitée à
l'état de sable (verres, mortiers, poteries), de grès (pavage), de pierre
meulière (meules à broyer).

L'*acide borique* BO^3H^3 correspond à l'anhydride B^2O^3, seul composé du bore et de l'oxygène. Cet acide est très répandu dans la
nature, principalement à l'état de borates. On l'extrait du borax ou
borate de sodium en décomposant celui-ci par l'acide chlorhydrique. Il
est en paillettes nacrées, solubles dans l'eau bouillante et dans l'alcool.

L'acide borique sert à fabriquer le borax. C'est un antiseptique. On
en imprègne les mèches des bougies.

CHAPITRE XVIII

SODIUM ET PRINCIPAUX COMPOSÉS

132. Électrolyse du chlorure de sodium. — Lorsqu'un courant électrique traverse un sel fondu ou en dissolution le sel est décomposé : le métal qu'il contient se porte sur le conducteur par lequel le courant retourne au générateur d'électricité (électrode négative ou *cathode*), le reste du sel se porte sur le conducteur qui amène le courant (électrode positive ou *anode*). D'après cela, si le sel soumis à l'électrolyse est du chlorure de sodium, on obtiendra du sodium à la cathode et du chlore à l'anode.

Dans la pratique, un effet secondaire se produit en même temps que celui du courant : le sodium mis en liberté décompose l'eau, forme de la soude caustique et de l'hydrogène se dégage :

$$Na + H^2O = NaOH + H^2.$$

On obtient donc finalement du chlore et de la soude caustique.

Dans les laboratoires, on fait l'électrolyse du chlorure de sodium dans un tube en U (*fig.* 82). Deux lames de platine plongent séparément dans la dissolution. En mettant un peu de phtaléine autour de la lame reliée au pôle négatif, on constate qu'elle rougit par suite de la formation de soude.

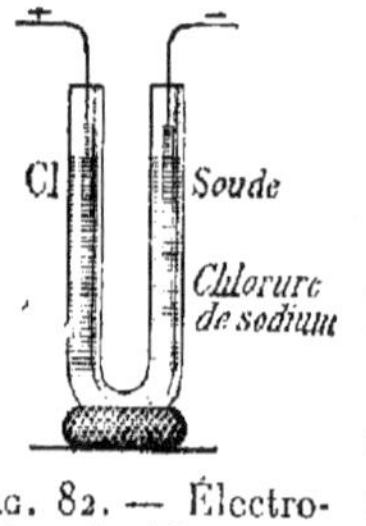

Fig. 82. — Électrolyse du chlorure de sodium dans les laboratoires.

Diverses méthodes ont été proposées pour électrolyser le chlorure de sodium ; nous décrirons comme exemple l'*électrolyse avec cathode en mercure.*

Cette méthode, toute récente (1899), consiste à employer une cathode en mercure. Il en résulte que le sodium mis en liberté par le courant se combine au mercure et forme un amalgame. Cet amalgame de sodium est décomposé en dehors de la cuve électrolytique en soude caustique et en mercure, que l'on renvoie dans la cuve.

La cuve à électrolyse contient au fond une couche de mercure reliée au pôle négatif d'une machine dynamo-électrique (*fig.* 83). L'amalgame se forme à la surface même du mercure ; il s'écoule par un trop-plein et un tube latéral. Le mercure régénéré rentre dans la cuve à l'extrémité opposée par un cylindre à pression. La dissolution de chlorure de sodium arrive par un tube à entonnoir et est évacuée après avoir subi l'électrolyse. Enfin une série d'anodes plonge dans la couche supérieure de la dissolution saline.

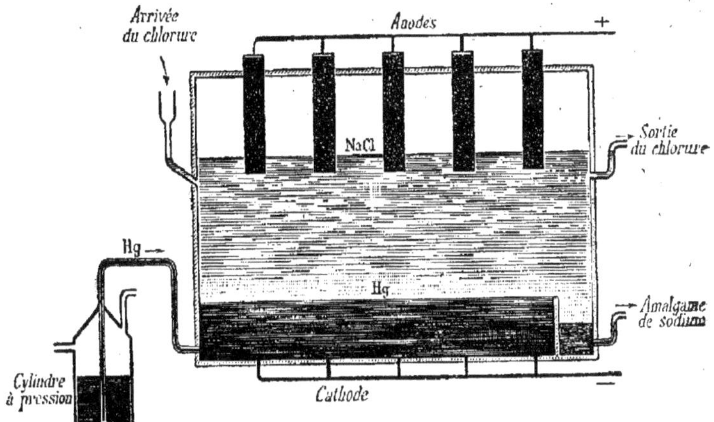

Fig. 83. — Électrolyse du chlorure de sodium dans l'industrie.

133. Sodium. — Le sodium ne se rencontre pas dans la nature à l'état libre ; mais ses sels sont très répandus, principalement le chlorure (*sel gemme, sel marin*) et l'azotate (*nitrates* du Pérou et du Chili).

La plus grande partie du sodium s'obtient aujourd'hui par électrolyse de la soude caustique. La soude se décompose régulièrement en donnant du sodium à l'électrode négative, de l'oxygène et de l'eau à l'électrode positive :

$$2NaOH = 2Na + H^2O + O.$$

Propriétés. — Le sodium est un métal mou, d'un blanc d'argent quand il est fraîchement coupé. A l'air humide, sa surface se ternit rapidement en se recouvrant d'une couche mince d'hydrate, qui préserve de toute altération le reste du métal. On évite cette oxydation en conservant le sodium dans l'huile de naphte. Chauffé à l'air, le sodium s'enflamme et brûle avec une flamme jaune en formant du protoxyde Na^2O.

Le sodium décompose l'*eau* à froid ; il y a formation de soude et dégagement d'hydrogène :

$$Na + H^2O = NaOH + H^\nearrow.$$

Le métal se déplaçant rapidement à la surface de l'eau, la chaleur dégagée par la réaction n'est pas suffisante pour enflammer l'hydrogène ; mais si l'on emploie de l'eau gommeuse, qui maintient le sodium immobile, cette chaleur se trouve concentrée en un point et l'hydrogène brûle avec une flamme jaune.

Projeté dans du *mercure* légèrement chauffé, le sodium s'y dissout avec dégagement de chaleur. Cet amalgame, en présence de l'eau, dégage de l'hydrogène : il est fréquemment employé comme réducteur dans les laboratoires.

Usages. — On utilise le pouvoir réducteur du sodium pour obtenir certains métaux comme le magnésium, en partant de leurs chlorures. On l'emploie aussi dans la préparation du bore, du silicium et pour la confection d'amorces explosives.

134. Soude caustique NaOH. — *Dans les laboratoires on prépare la soude caustique en décomposant le carbonate de sodium par la chaux en présence de l'eau :*

$$CO^3Na^2 + Ca(OH)^2 = 2NaOH + CO^3Ca.$$

Dans une marmite en fonte contenant une lessive bouillante de cristaux purifiés de carbonate de sodium, on verse peu à peu de la chaux pure délayée dans l'eau, et on entretient l'ébullition en remplaçant au fur et à mesure l'eau qui s'évapore, afin d'éviter la réaction de la soude sur le carbonate de calcium, réaction qui se produirait en liqueur concentrée. Quand une prise du liquide ne fait plus effervescence avec un acide, on laisse reposer. Le liquide clair qui surnage est décanté, évaporé à consistance sirupeuse, puis coulé sur une plaque de cuivre : par refroidissement, on obtient des plaques blanches de soude.

Dans l'industrie, on obtient de la soude caustique par divers procédés : traitement de cristaux purifiés de carbonate de sodium par de la chaux pure, traitement d'eaux résiduaires obtenues dans la fabrication des soudes du commerce, action du sodium sur l'eau, électrolyse du chlorure de sodium (132).

Propriétés. — La soude caustique se présente en plaques blanches, cassantes, solubles dans l'eau. Sa dissolution, connue sous le nom de *lessive de soude*, est très caustique.

Exposée à l'air, la soude tombe en déliquescence ; mais comme elle absorbe en même temps le gaz carbonique de l'air, elle se recouvre de carbonate efflorescent.

La soude est indécomposable par la chaleur. C'est une base puissante, saturant les acides les plus énergiques. Elle brunit le curcuma, verdit le sirop de violettes et précipite les oxydes et les hydrates insolubles de leurs dissolutions salines.

Usages. — La soude caustique est surtout employée dans la fabrication des savons durs. On l'utilise aussi pour épurer les pétroles. Dans les laboratoires elle sert comme réactif.

RÉSUMÉ DU CHAPITRE XVIII

Lorsqu'un courant travers une dissolution de chlorure de sodium, le sel est décomposé : le sodium se porte à l'électrode négative, le chlore à l'électrode positive. Le sodium mis en liberté.décompose l'eau et forme de la soude caustique.

Le sodium est surtout répandu à l'état de chlorure et d'azotate. On le prépare par électrolyse de la soude caustique. C'est un métal mou, dont la surface se ternit rapidement à l'air humide. Il décompose l'eau à froid avec dégagement d'hydrogène. On utilise son pouvoir réducteur pour obtenir certains métaux, comme le magnésium.

La soude caustique NaOH s'obtient en décomposant une lessive bouillante de carbonate de sodium par la chaux éteinte. Elle est en plaques blanches, déliquescentes. C'est une base énergique. On l'emploie surtout dans la savonnerie.

TABLEAU DES MASSES ATOMIQUES DES CORPS SIMPLES

ÉTUDIÉS DANS CE LIVRE

	M. atomiques.		M. atomiques.
Hydrogène. . . .	1	Soufre.	32
Oxygène.. . . .	16	Phosphore.. . . .	31
Azote..	14	Carbone.	12
Chlore.	35.5	Sodium	23

TABLE DES MATIÈRES

CHARTRES. — IMPRIMERIE DURAND, RUE FULBERT.

L'Éducation mathématique